KB144423

아이는 부모의 등을 보고 자란다

아이는 부모의 등을 보고 자란다

부모가 꼭 배워야 할
인문고전 속 자녀교육의 지혜

조윤제 지음

& page

머리말

부모가 아이에게 물려줘야 할 여섯 가지 지혜

무릇 군자의 행실은 평온한 마음으로 수신하고, 검약하는 마음으로 덕을 함양하는 것이다. 마음이 맑지 않으면 뜻이 밝아질 수 없고, 마음이 안정되지 않으면 뜻을 크게 이룰 수 없다. 배울 때는 반드시 평온한 마음으로 임해야 하고, 재능을 펼치려면 반드시 배움이 있어야 한다. 배우지 않으면 재능을 넓힐 수 없고, 뜻이 없다면 학문을 이룰 수 없다. 태만하면 정밀한 이치를 깨칠 수 없고, 조급하면 심성을 다스릴 수 없다. 나이는 시간과 함께 달려가고, 뜻은 하루하루 사라져간다. 마치 말라 시드는 고목처럼 세상과 멀어질 것이다. 낡은 초가집에서 슬퍼하며 탄식한들 어찌 되돌아갈 수 있겠는가.

제갈량諸葛亮이 여덟 살 난 아들 제갈첨諸葛瞻에게 보낸 편지 〈계자서誡子書〉의 전문이다. '아들을 가르치는 글'이라는 뜻을 가진 이 글은 짧은 분량이지만, 소중한 아들에게 주고 싶은 삶의 진리가 담긴 명문장이다. 특히 편지에 담겨 있는 글은 제갈량 자신이 평생 지켜온 신조이기도 했기에 사람들의 마음을 더욱 움직였다.

제갈량은 탁월한 책략가로서 삼국지의 가장 중요한 인물들 가운데 한 명이다. 소설《삼국지연의三國志演義》에서 그는 보통 사람으로서는 도저히 가늠조차 할 수 없는 초능력자로 묘사되었지만, 실제로는 다양한 학문에 두루 능통한 학자였다. 또한 백성을 사랑하고 잘 다스리는데 탁월한 능력을 보인 정치가이기도 했다. 그래서《삼국지》의 저자 진수陳壽는 제갈량을 두고 "백성을 다스리는 능력이 오히려 전쟁하는 재능보다 뛰어났다"고 평가하기도 했다.

제갈량이 이 편지를 쓴 것은 삼국 전쟁의 치열한 전장에서였다. 여덟 살 난 아들에게 주는 글이라고 하기에 너무 어렵다고 느껴질 수도 있다. 하지만 생사를 기약할 수 없는 참혹한 전쟁터에서 아들의 미래를 위해 썼던 글이다 보니 글의 밀도가 높을 수밖에 없었을 것이다.

이 글은 역사적인 인물들의 좌우명으로도 많이 인용된다. 특히 우리와 깊은 연관이 있는 글은 문장의 원문을 줄인 '담박명지澹泊明志 영정치원寧靜致遠'으로 안중근 의사의 좌우명이었다. "마음이 맑아야 뜻이 밝아지고, 안정된 마음이라야 뜻을 크게 이룰 수 있다"는 의미를 가진 이 글은 안중근 의사가 중국 감옥에서 죽음을 앞두고 쓴 휘호가 있어 더욱 절실하게 다가온다.

♦ 제갈량이 아들에게 가르친 다섯 가지

제갈량이 혼신의 힘을 다해 아들에게 준 글이 오늘날에도 의미가 있는 것은 자녀교육에 깊은 통찰을 주기 때문이다. 먼저 제갈량은 수양을 통해 올바른 덕성을 이루어가야 한다고 말한다. 그 바탕이 되는 것은 평온한 마음과 검약하는 자세다. 평온한 마음이 있어야 수양하는 데 흔들림이 없고, 검약하는 마음이 있어야 좋은 성품을 이룬다. 검약하는 마음은 마음이 겸손한 것을 포함한다. 스스로 부족함을 알고 인정할 수 있을 때 더 나은 자신을 위해 힘을 다하게 된다.

다음으로 올바른 뜻을 세울 것을 강조한다. 공부도, 삶도 반드시 올바른 뜻이 기반이 되어야 한다. 바른 뜻이 없다면 이루고자 하는 모든 것이 헛될 수 있기 때문이다. 그것을 위해 필요한 것이 깨끗하고 평안한 마음이다. 마음이 깨끗하고 맑아야 올바른 뜻을 세우고, 마음이 평안해야 원대한 이상을 품을 수 있다.

그다음으로 제갈량이 아들에게 당부한 것은 공부다. 아무리 타고난 재능이 뛰어나도 공부를 통하지 않고는 그 재능을 제대로 발휘할 수가 없다. 《예기》와 《명심보감》에 거듭 실린 "옥은 다듬지 않으면 그릇을 이루지 못하고, 사람은 배우지 않으면 도道를 알지 못한다"라는 명문장이 말해주는 바와 같다. 아무리 귀한 보석도 옥공의 손을 통해 다듬어져야 진정한 가치를 인정받듯이, 사람도 학문을 통해 배움을 얻어야 자신의 재능을 세상에 펼칠 수 있다.

학문에 임할 때는 반드시 성실한 자세로 임해야 한다. 조금이라도 게으름을 피운다면 깊고 정밀한 학문을 이룰 수 없다. 하지만 그 성취에 있어서는 조급하게 굴어선 안 된다. 성공하기 위해 조급해하고 작은 이익에 집착한다면 대기만성이 될 수 없고, 큰일을 이루기 어렵다. 학문의 길은 멀다. 삶도 마찬가지다. 눈앞의 일에 조급해하지 않고, 멀리 보고 꾸준히 쌓아 나간다면 반드시 결실을 맺게 된다.

마지막으로 제갈량의 가르침은 시간에 대한 통찰이다. 사람이 가진 것들 가운데 시간은 세상에서 가장 공평하다. 하루 24시간, 아무리 뛰어난 사람도 남보다 더 많은 시간을 가질 수 없다. 따라서 인생은 자신에게 주어진 시간을 어떻게 쓰느냐에 따라 달라진다. 주어진 시간을 아껴 쓰고, 때에 맞게 시간을 쓸 수 있는 사람은 후회하지 않는 삶을 살 수 있다.

♦ 자녀에게 더 좋은 미래를 열어주는 가르침

짧은 편지에 담은 제갈량의 마음이 절절하다. 험난한 시대에 아들이 바른 뜻을 세우고 제 몫을 할 수 있는 사람으로 성장하기를 바라는 간절한 마음이 담겨 있기 때문일 것이다. 이처럼 아무리 탁월한 인물이라고 해도 자녀를 사랑하는 마음은 평범한 사람과 다를 바 없다.

오늘날을 살아가는 우리 역시 마찬가지다. 자녀들이 잘되기를 바라고, 그들을 위해 가진 모든 것을 쏟아붓는다고 해도 아까워할 부모는 없을 것이다. 제갈량처럼 능력과 학문의 경지는 없을지라도 자녀를 위한 마음에는 경중과 우열이 있을 수 없다. 하지만 안타깝게도 자녀에게 더 좋은 미래를 열어주기 위한 가르침의 방법에는 분명한 차등이 있다. 사랑이 아무리 크다고 해도 우리의 양육 방법이 반드시 옳다고 말할 수는 없다.

《대학》에 보면 "사람은 자기 자식의 악함은 알지 못하고 자기 논의 싹이 자란 것은 알지 못한다"라는 글이 실려 있다. 전자는 사랑에 눈이 먼 것이고, 후자는 욕심에 마음이 가려진 것이다. 자녀를 맹목적으로 사랑해서도 안 되지만, 자녀에게 지나친 자기 욕심을 대입시켜서도 안 된다. 자녀의 성공을 바라는 마음도 마찬가지다. 삶의 목적을 성공과 출세에 두게 한다면 자녀의 삶을 허망하게 이끌 수 있다. 출세하지 못하면 자녀는 삶의 의미를 잃게 될 것이고, 출세한다고 해도 올바른 뜻이 없다면 채워지지 않는 욕심으로 행복한 삶을 살 수 없다. 진정한 성공은 높은 지위나 부가 아니라 자기 삶의 의미와 목적을 이루어가는 것이다. 그렇게 할 때 성공은 자연히 따라올 것이며, 당연히 삶의 목적인 행복을 누리게 된다.

♦ 사랑할수록 한 걸음 물러서서 지켜봐야

오늘날은 옛날처럼 참혹한 전쟁의 시대는 아니다. 하지만 그 내면을 살펴보면 오히려 더 혼란스러운 시대임을 알 수 있다. 사회적으로 지켜야 할 도덕성이 무너지고 가치관이 흔들리고 있는 것은 누구나 느끼는 사실이다. 감정을 다스리지 못하고 이로 말미암아 정서적 장애 등 내면의 상처로 고통받는 사람도 많다. 이런 상황이 현재보다 우리 아이들이 살아가야 할 미래에 더욱 심해질 거라는 예측에 우려의 시선을 거둘 수 없다.

나 역시 우리 자녀들의 미래를 걱정하는 한 사람으로서 고민과 함께 걱정스러운 마음을 지니고 있다. 또한 고전을 공부하는 사람으로서 《논어》《맹자》를 비롯한 사서삼경, 《소학》《동몽선습》 등 자녀 교육서에 실려 있는 깊은 통찰을 쉽게 지나치기 어려웠다.

그들의 가르침에는 자녀에 대한 무조건적인 사랑은 없다. 오히려 사랑할수록 자녀와 한 걸음 물러서기를 권하고, 눈앞의 일에 집착하지 않고 원대한 이상을 갖도록 가르친다. 직접적으로 가르치기보다는 비유와 은유로써 스스로 생각하도록 이끈다. 그리고 말이 아닌 실천의 소중함, 담대하면서도 세심함을 잃지 않는 일상의 도리에 충실할 것을 강조한다.

♦ 자녀에게 물려줘야 할 여섯 가지 지혜

고전에서 얻은 이 가르침을 통해 진정한 자녀 사랑의 지혜를 부모들과 나누고 싶었다. 또한 지금보다 더 치열하게 험난한 미래를 살아가야 할 우리 자녀들이 반드시 지녀야 할 힘을 얻도록 해주고 싶었다. 그 지혜와 덕목을 다음과 같이 여섯 가지로 묶어 보았다.

본립도생本立道生, 근본이 바로 서면 길이 열린다. 근본은 사람의 도리를 다하고 올바른 도덕성을 굳건하게 하는 것이다.

자승자강自勝者强, 나를 극복할 수 있을 때 가장 강해질 수 있다. 날마다 자신을 성찰하고 돌아보는 사람은 강력한 내면의 힘을 가지게 된다.

학고창신學古創新, 배움은 창조의 근원이어야 한다. 단순히 아는 것으로 그칠 것이 아니라 새로운 것을 만들 수 있어야 한다. 창의적이고 혁신적인 배움만이 진정한 즐거움을 줄 수 있다.

영정치원寧靜致遠, 맑고 안정된 마음이 크게, 멀리 이룬다. 이상을 이루려면 반드시 올바른 뜻과 안정된 마음이 바탕이 되어야 한다.

서이행지恕而行之, 나 자신을 사랑하고 사랑을 실천하라. 진정한 사랑은 자신을 사랑하는 마음을 다른 사람에게로 넓혀나가는 것이다.

선승구전先勝求戰, 먼저 이긴 다음 싸워라. 치열한 경쟁의 시대, 자신을 지키고 경쟁에서 이기는 힘을 길러야 한다.

이 여섯 가지 지혜를 통해 우리 자녀들이 미래를 살아가는 진정한 힘과 능력을 얻기를 진심으로 바란다. 그리고 역경을 극복하고 큰 성취를 이룬 사람들의 실천 자세를 각 단락마다 소개함으로써 우리 삶에서 실천 가능한 방법을 나누고자 한다. 그 방법들은 주로 다산 정약용의《다산시문집》과《안씨가훈》에서 찾았다.

성공을 구가하던 마흔의 나이에 기약할 수 없는 귀양길에 올랐던 다산 정약용. 그는 18년간의 험난한 귀양 생활에서 500여 권에 달하는《여유당전서》를 완성해 학자로서의 소명을 이루었다. 그런 와중에도 그는 두 아들에게 편지를 통한 가르침을 잊지 않았다. 폐족의 처지에 이른 두 아들이 학문을 성취하고, 반드시 꿈을 이루기를 간절히 바랐기 때문이다. 이런 가르침이 있었기에 한 아들은 관직에 진출할 수 있었고, 다른 아들도 뛰어난 시인과 문학자로 설 수 있었다.

또 한 사람은 중국 남북조시대의 문인학자로 일생을 고난 가운데서 살았던 안지추다. 그는 귀족의 자제로 태어나 관직에 진출했으나 포로가 되어 두 차례나 적국을 전전해야 했다. 한평생 험한 삶을 살았지만, 자신의 뼈저린 체험을 바탕으로 자손들에게 훈계의 글을 남겼다. 그가 남긴《안씨가훈》은 중국 명문가의 최고 가훈서로 인정받고 있는데, 이 책에서 소중한 자녀교육의 통찰과 실천의 방법을 얻을 수 있을 것이다.

♦ 자식은 부모의 등을 보고 배운다

올바른 자녀교육은 반드시 부모의 삶에서 비롯되어야 한다. 자식들은 부모의 일상을 보고 자신이 나아갈 길에 대해 배움을 얻는다. "자식은 부모의 등을 보고 배운다"는 가르침이 이것을 말해준다. 따라서 이 책은 부모를 위한 책이다. 자녀가 읽고 배움을 얻는 것도 중요하지만, 부모가 먼저 읽고 자신의 삶으로 보여주는 것이 자녀교육의 근본이다. 부모의 정직한 삶, 올바른 삶의 자세, 배려하는 대인관계가 자녀에게는 가장 큰 가르침이 된다.

자녀가 평온하고, 행복하며, 성취를 통해 자기 꿈을 이루는 삶을 살아가길 바라는 것은 모든 부모의 소망이다. 물론 탁월한 능력으로 세상에 이름을 남기는 꿈을 가지는 것도 좋다. 하지만 아무리 순탄한 길을 걷는 사람이라고 해도 인생의 어려움을 겪기 마련이다. 그 어려움을 이겨내고, 자신을 회복할 수 있는 힘. 어떤 어려움이 닥쳐도 흔들리지 않고 자신의 소명에 집중할 수 있는 힘. 2,500년 인문고전의 탁월한 현자들이 후세를 위해 남겨준 지혜에서 얻을 수 있다. 나는 이 지혜를 '찬란한 유산'이라고 부르고 싶다. 부와 권세, 재능과 학벌 등 부모가 자녀에게 주기 원하는 그 무엇보다도 자녀의 미래를 찬란하게 밝혀줄 수 있기 때문이다. 이런 지혜를 우리 자녀들이 갖게 되기를 모든 부모와 함께 간절히 소망한다.

우리 자녀들이 이루어 나갈 찬란한 미래를 기대하며

조윤제

차례

Part 2

자승자강 自勝者強

자기조절 능력을 갖춘 아이는 어떤 어려움도 이겨낸다

Part 3

학學고古창創신新

과거를 배우는 아이가 미래를 창조한다

Part 4

영정치원 寧靜致遠

머리보다 마음이 똑똑한 아이로 키워야 한다

Part 5

서이행지 恕而行之

자신을 사랑하는 아이가 타인도 사랑할 수 있다

Part 6

선승구전 先勝求戰

자신을 지킬 줄 아는 아이가 경쟁에서 이긴다

Part 1

본립도생 本立道生

인성이 바른 아이가 인생에서 성공한다

무절제한 사랑은 자녀와의 관계를 망치는 주범

이른 시간 홀로 뜰에 서 있을 때 아들 리鯉가 종종걸음으로 지나가자 공자는 "너는 시를 배웠느냐?"라고 물었다. 리가 "아직 배우지 못했습니다"라고 대답하자 공자는 "시를 배우지 않으면 남들과 말을 할 수 없다"라고 가르쳤다. 리는 물러나 시를 공부했다.
다음 날 다시 홀로 뜰에 서 있을 때 리가 종종걸음으로 지나가자 공자는 "너는 예를 배웠느냐?"라고 물었다. 리가 "아직 배우지 못했습니다"라고 하자 공자는 "예를 모르면 몸을 바로 세울 수 없다"라고 했다. 리는 물러나 예를 공부했다.

공자의 제자 진항陳亢이 "당신은 아버지께 특별한 가르침을 들은 것이 있습니까?"라고 묻자 공자의 아들 백어伯魚, 리를 가리킴가 한 대답이다. 진항은 그 자리를 물러나면서 기쁜 마음으로 말했다. "하나를 물어 세 가지를 알게 됐다. 시에 대해 듣고, 예에 대해 들었으며, 군자는 자기 자식에게 거리를 둔다는 사실을 알게 됐다."

진항은 백어와 대화하면서 중요한 세 가지 사실을 알게 된다. 시와 예를 중요하게 가르치는 것은 당연하지만, 공자가 자식에게 거리를 둔다는 것을 알고 기뻐했다는 점이 특이하다. 이 의문에 대한 해답은 안지추顔之推가 쓴《안씨가훈》에 실려 있다.

부자 관계는 존엄하므로 스스럼없이 친해서는 안 되지만, 골육骨肉, 부모나 형제 등 가까운 혈족 사이에는 애정이 있어야 하므로 소원해서도 안 된다. 부자 관계가 소원하면 아버지의 자애로움과 자식의 효도가 서로 맞물리지 않고, 스스럼없이 대하면 태만함이 생기게 된다. "명사命士, 대부 이하의 관리 이상은 부자가 서로 거처를 달리한다"는 것은 스스럼없이 친해서는 안 된다는 가르침이며, "가려운 곳은 긁어드리고, 아픈 곳은 짚어드리며, 이불을 개어 매달고 베개를 상자에 넣는다"는 것은 소원하지 않아야 한다는 가르침이다.

아버지와 자식 간의 관계에서는 적절한 거리가 필요하다. 거리를 너무 두면 자녀가 사랑의 결핍을 느낄 수 있고, 사랑스러운 마음에 아무런 제재를 하지 않으면 자녀의 버릇이 나빠지게 된다. 참 쉽지 않은 일이다.

자식에게 넘치는 사랑을 주는 것은 좋은 일이지만 아버지로서 당연히 받아야 하는 자녀의 존경까지 사랑에 묻혀서는 안 된다. 특히 절제하지 못하는 부모의 사랑은 오히려 자식과의 관계를 해칠 수도 있다. 마음으로 깊이 품고 사랑하되 그 표현에 있어서는 항상 절제를 염두에 두어야 한다.

♦ 감정 표현에도 절제가 필요하다

《맹자》〈이루상〉에는 그 방법이 좀 더 구체적으로 실려 있다.

> 제자 공손추公孫丑가 "군자가 직접 아들을 가르치지 않는 것은 무엇 때문입니까?"라고 묻자 맹자는 "현실적으로 어렵기 때문이다. 가르치는 사람은 반드시 바른 도리로 가르칠 텐데, 그럼에도 통하지 않으면 화가 나고 감정이 상하게 된다. 아들도 아버지의 화내는 모습을 보면서 '내게 바른 도리를 가르치면서 아버지의 행동은 바르지 않은 것 같다'라고 생각하게 된다. 이처럼 부자간에 서로 감정이 상하게 되는데, 이는 옳지 않은 일이다"라고 대답했다.

아무리 뛰어난 군자라도 자녀 사랑에는 예외가 없다. 객관적이고 공정하게 대하고자 노력해도 마음이 기우는 것을 이겨내기가 어렵다. 사랑이 큰 만큼 더 큰 기대를 하게 되고, 가르침을 제대로 따르지 않으면 화를 내게 된다. 물론 더 잘되기를 바라는 마음이지만, 순간적인 감정을 참아내기가 어려운 것이다. 아버지가 감정을 절제하지 못하는 모습을 보면서 자식도 감정이 상하게 되고, 결국 부자간에 틈이 벌어지게 된다. 맹자는 그 해법을 이렇게 제시한다.

"옛날에는 아들을 서로 바꾸어 가르쳤다. 그리고 부자간에는 서로 잘하라고 책망하지 않았다. 책망하면 멀어지게 되고, 멀어지면 이보다 더 큰 불행은 없다."

맹자가 말한 것처럼 자녀를 서로 바꿔서 가르치는 것은 오늘날의 현실과 맞지 않을지도 모른다. 하지만 맹자가 말하고자 했던 의도는 충분히 공감이 간다. 실제로 직접 자녀를 가르치다가 배움에 적극적이지 않은 태도를 보이거나, 쉬운 문제를 이해하지 못하는 모습에 감정을 주체하지 못했던 경험이 있을 것이다. 결국 좋은 마음으로 시작했던 공부가 서로 마음을 다치면서 끝나게 된다. 부모가 감정을 절제하지 못하는 모습을 보이면 자녀의 마음속에 사랑보다 상처가 깊이 새겨진다.

♦ 부모 자식 간에도 지켜야 할 '관계의 선'이 있다

또 한 가지, 자녀를 무조건 사랑하는 마음 때문에 판단력이 흐려지는 것을 주의해야 한다. 일방적인 사랑은 자기 자식이 무조건 착하고 바르다고 여긴 채 그 잘못을 제대로 보지 못하게 만든다. 공공장소에서 아이가 잘못을 저질렀는데도 꾸짖지 않는 경우가 바로 그것이다. 공중도덕을 지키지 않는 아이를 귀엽게만 바라보고, 그것을 꾸짖는 어른을 오히려 못마땅하게 여겨서는 안 된다. "아이의 기를 죽여서는 안 된다" "아이의 자존심을 꺾는 일이다"라는 이유를 대지만, 실상은 얻는 것보다 잃는 것이 훨씬 더 많다.

자녀가 잘되기를 바라는 것은 모든 부모의 바람이다. 자신이 가진 것을 모두 쏟아붓는다고 해도 아까운 사람은 없을 것이다. 하지만 분명한 것은 반드시 지켜야 할 선이 있다는 점이다. 자녀가 사랑스러울수록 한 걸음 물러서서 볼 수 있는 인내와 지혜가 필요하다. 감정을 절제할 수 있어야 하고, 부모의 욕심을 자녀에게 대입해서도 안 된다.

자녀에게 줄 수 있는 진정한 사랑은 무조건적인 사랑이 아니라 절제하는 사랑이다. 길을 직접 열어주기보다 길을 열 수 있는 지혜를 길러주어야 한다.

부모의 뒷모습은 자녀의 마음에 새겨진다

《설원》〈반질〉에 실려 있는 고사다.

증자曾子, 공자의 제자로 유학의 계승자는 3년 동안 데리고 있던 제자 공명선公明宣이 글 읽는 모습을 전혀 보이지 않자 의구심이 나서 물었다.

"선아, 네가 내 문하에 있은 지 3년인데 배우지 않음은 어째서냐?"

그러자 공명선이 이렇게 대답했다.

"어찌 감히 배우지 않았겠습니까? 스승께서 뜰에 계시는 모습을 보니, 부모님이 집에 계시면 꾸짖는 소리가 개와 말에게조차 이르지 않았습니다. 제가 이것을 기뻐하여 배웠으나 능하지 못합니다. 스승께서 손님을 응대할 때 공손하고 검소하여 태만하지 않으시므로, 저는 이것을 기뻐하여 배웠으나 능하지 못합니다. 스승께서 조정에 있을 때 아랫사람에게 엄격하면서도 상처를 주지 않으시므로 저는 이것을 기뻐하여 배웠으나 능하지 못합니다. 이 세 가지를 기뻐하여 배웠으나 능하지 못하오니 제가 어찌 배우지 않으면서 스승의 문하에 있었겠습니까."

공명선이 증자에게 배운 것은 세 가지로 부모에 대한 효도, 손님을 대할 때의 정성, 아랫사람에 대한 배려의 자세다. 공명선은 이 모두를 증자의 평소 모습에서 배웠다고 말한다. 이 고사에서 생각해야 할 점은 진정한 가르침은 어떠해야 하느냐다. 흔히들 가르침은 책이나 강의를 통한 지식의 전달이라고 생각한다. 그러나 진정한 가르침은 단순히 자기가 알고 있는 지식을 전달하는 데 그치는 것이 아니라 삶에 임하는 바른 자세를 보여주는 것이다. 그리고 이 같은 삶을 통한 가르침이 제자에게 가장 깊이 새겨진다.

다산의 가르침에도 이와 유사한 고사가 나온다. 수제자 황상黃裳이 배운 방법이다. 황상은 하급 아전의 아들로 높은 관직에 진출하지는 못했으나, 훗날 다산의 형 정약전과 추사 김정희로부터 높은 학식을 인정받은 인물이다. 황상이 쓴 편지에는 이렇게 쓰여 있다.

산방에 거하면서 하는 일이라곤 책 읽고 초서抄書, 책의 내용 가운데 중요한 부분을 뽑아서 쓰는 것하는 것뿐입니다. 이를 본 사람은 모두 말리면서 비웃습니다. 하지만 그 비웃음을 그치게 하는 것은 나를 아는 것이 아닙니다. 우리 스승님은 귀양살이

20년 동안 날마다 저술만 일삼아 복사뼈에 세 번이나 구멍이 났습니다. 제게 "부지런하고, 부지런하고, 또 부지런하라"는 삼근三勤의 가르침을 주시면서 "나도 부지런히 노력해서 이것을 얻었다"라고 말씀하셨습니다. 몸으로 가르쳐주시고 직접 말씀을 주신 것이 마치 어제 일처럼 귓가에 쟁쟁합니다. 관 뚜껑을 덮기 전에야 어찌 그 지성스럽고 뼈에 사무치는 가르침을 저버릴 수 있겠습니까.

다산의 학문은 넓고 깊다. 경전과 사학, 삶에 도움이 되는 실용까지 그 분야와 가치를 가늠하기 어려울 정도다. 그러나 황상의 마음에 가장 깊이 새겨졌던 것은 바로 다산의 일상이었다. 복사뼈에 세 번이나 구멍이 날 정도로 학문에 충실한 모습이 제자에게 큰 영향을 미쳤고, 이로 말미암아 당대 최고의 학자들을 놀라게 할 만큼 훌륭한 학자가 될 수 있었다.

♦ 부모가 보여야 할 올바른 자세

진정한 가르침은 단순한 지식의 전수가 아니다. 물론 지식의 가르침도 있어야 한다. 그러나 반드시 삶의 모습으로 그것을 증명할 수 있어야 한다. 지식과 삶의 모습이 한데 어우러질 때 제자의 삶을 바꾸는 진정한 배움이 이루어질 수 있다. 부모의 가르침도 다르지 않다. 《예기》〈곡례〉에는 부모가 자식에게 보여야 할 삶의 올바른 자세가 실려 있다.

어린 자식들에게는 항상 속이지 않는 것을 보이며, 바른 방향을 향해 서며, 비스듬한 자세로 듣지 않는다.

자녀의 성공을 바라면서 부모들은 좋은 교육을 하고자 애쓴다. 좋은 학교에 보내기 위해 교육환경이 좋은 곳으로 이사하는 것도 주저하지 않는다. 재정적으로 어렵다고 해도 자녀를 위해서는 어떤 어려움도 감내한다.

그러나 그 어떤 교육보다 더 염두에 두어야 할 것이 있다. 바로 가정에서 이루어지는 교육이다. 이때 가장 중요한 것이 부모의 살아가는 모습이다. 제아무리 좋은 교육을 한다고 해도 부모의 모습이 그에 부합하지 않는다면 어떤 가르침도 통하지 않는다. 《예기》〈곡례〉에 실린 자녀에 대한 가르침은 보이는 것, 행동하는 것, 듣는 것 세 가지다. 결국 삶의 모든 모습이다.

먼저 어린 자식들에게 남을 속여서는 안 된다고 가르치는 것이 아니라 속이지 않는 정직한 삶을 보여줘야 한다. '바른 방향을 향해 서다'는 항상 바른길을 걷는 모습을 보여주는 것이다. 삶에서 바른 방향을 바라본다는 것은 올바른 가치관을 정립해야 함을 뜻한다. 그리고 그 길을 향해 흔들림 없이 걸어가는 것이다.

비스듬한 자세로 듣지 않는다는 것은 듣는 자세의 중요성이다. 들은 것을 무조건 받아들이거나 왜곡하지 않고, 좋은 것을 선택해서 잘 들을 수 있는 분별력을 가져야 한다. 그래야 세상의 견문과 지혜를 폭넓게 배울 수 있고, 다른 사람과의 관계를 원만하게 만들어 나갈 수 있다.

자녀가 올바르게 성장하는 것은 모든 부모의 바람일진대 그것을 간절히 원한다면 먼저 부모가 자신의 삶을 바르게 해야 한다. 자녀의 마음에 새겨진 부모의 뒷모습은 평생 남는다.

아이에게 시키지 말고,
부모가 먼저!

맹자는 공자의 뒤를 이어 유교의 정통성을 계승했다. 성인聖人, 지혜와 덕이 뛰어나 본받을 만한 사람으로 불리는 공자에 버금간다고 해서 아성亞聖, 공자 다음가는 성인으로 불리는 것을 보면 맹자의 위상이 어느 정도인지 알 수 있다. 특히 맹자의 위상은 단순히 학문에 그치지 않았다. 전쟁이 일상이던 시절 각 나라의 왕을 만나 인仁, 즉 사랑으로 세상을 이끌어야 한다고 강력하게 주창한 사랑과 평화의 철학자이기도 하다. 학문에 실천이 따랐기에 맹자의 철학은 더욱 가치가 있다.

맹자가 혼란스러운 시기에 이처럼 큰일을 할 수 있었던 것은 어릴 때부터 자녀를 바르게 이끌었던 어머니의 교육에 힘입었다. 우리도 잘 아는 '맹모삼천지교孟母三遷之敎'의 고사가 이것을 생생하게 보여준다. 《열녀전》에는 이렇게 실려 있다.

> 맹가孟軻, 맹자의 이름의 어머니는 사는 집이 무덤과 가까워서 맹가가 매번 장사지내는 일을 흉내 내며 노는 것을 보았다. 맹모는 "이곳은 자식을 살게 할 곳이 아니다"라고 하며 시장 근처로 이사했다. 그러자 맹가는 장사하는 흉내를 내며 놀았고, 맹모는 또다시 이사를 했다. 그다음 이사한 곳은 학교 근처로, 맹가는 예를 배우고 예법을 행하는 것을 흉내 내었다. 마침내 맹모는 "이곳은 참으로 자식을 살게 할 만한 곳이다"라고 말하며 그곳에 거처했다.

맹자의 어머니는 주위 환경이 자녀에게 어떤 영향을 주는지 일찍이 간파했다. 그리고 몇 번이고 좋은 곳을 찾아 이사하는 노력을 아끼지 않았다. 이런 통찰과 노력으로 고대 동양의 위대한 철학자가 길러졌다.

어린 자녀들은 스스로 옳고 그른 것을 분별하는 능력이 부족하다. 따라서 날마다 접하는 것에서 많은 영향을 받는다. 자녀들이 아직 어릴 때 그들에게 올바른 것을 보게 하고 따르게 하는 것은 온전히 부모의 몫이다. 하지만 안타깝게도 현실적으로 어려운 경우가 많다. 다산도 〈두 아들에게 부치는 글〉에서 좋은 환경을 조성해주지 못한 것을 안타까워한다.

너희는 시장 옆에서 성장하여 어린 시절에 접한 것이 대부분 문전 잡객이나 시중드는 하인배, 아전이어서 입에 올리고 마음에 두는 것이 약삭빠르고 경박하여 비루하고 어지럽지 않은 것이 없다. 이런 병통이 골수에 깊이 새겨져 마음에 선을 즐기고 학문에 힘쓰려는 뜻이 전혀 없게 된 것이다.

다산은 학문에 힘쓰지 않는 두 아들을 꾸짖으면서 스스로 좋은 환경을 제공해주지 못한 것을 안타까워했다. 물론 다산은 맹자의 어머니처럼 쉽게 집을 옮길 수 있는 상황이 아니었다. 경제적인 어려움도 있었지만, 관직에 매여 있었기 때문이다. 그러나 다산은 성인이 된 두 아들에게 마음속으로 미안해하면서도 환경 탓만 해서는 안 된다고 가르친다. 학문과 수양 등 마땅히 해야 할 일에서는 환경은 물론 어떤 핑계도 대어서는 안 된다는 것이다.

♦ 일상에서 드러난 부모의 모습이 자녀에게 가장 큰 영향을 준다

《열녀전》에는 '맹모삼천지교'의 고사에 이어서 또 다른 고사가 실려 있다.

맹가가 어렸을 때 옆집에서 돼지 잡은 일이 있었다. 맹가가 어머니에게 "동쪽 집에서 돼지를 잡아 무엇을 하려고 합니까?"라고 묻자 어머니는 "네게 주려고 잡는다"라고 농담한 뒤 곧 후회했다. '지금 막 배우기 시작한 아이를 속이는 것은 불신을 가르치는 것이다'라는 생각이 든 것이다. 그래서 곧바로 돼지고기를 사서 맹가에게 먹였다.

이것은 아이들에게 좋은 환경을 조성해주는 것보다 더 중요한 것이 무엇인지 보여주는 이야기다. 모든 부모가 좋은 환경을 만들어주기 위해 노력하지만, 현실적으로 어려운 경우도 많다. 개개인의 노력만이 아니라 사회적으로 모든 사람이 힘을 합쳐야 하기 때문이다. 예를 들어 학교 주변에 유해 업소를 두지 않는 것은 당국은 물론 어른들이 힘을 합쳐야 한다. 그래서 "한 아이를 키우는 데 온 마을이 필요하다"라는 말이 있는 것이다.

그러나 부모가 보여주는 삶의 자세는 오롯이 부모의 몫이다. 부모는 올바른 삶의 태도를 보여주고, 정직한 모습을 보여주어야 한다. 부모가 아이에게 남을 속이는 모습을 보이는 것은 거짓을 가르치는 것과 같다. 심지어 부모가 아이를 속인다면 그것은 거짓과 불신을 마음에 새겨주게 된다. 이로 말미암아 자기 목적을 이루기 위해서는 거짓을 행해도 된다는 잘못된 삶의 자세를 평생 지닐 수도 있다.

평소 생활에서 작고 사소한 거짓은 그다지 염두에 두지 않는 경우가 많다. '남이 보지 않으니까' '남에게 피해를 주지 않으니까' '이번 한 번만 하고 안 할 거야'라는 마음인 것이다. 사람들의 이런 모습을 심하게 탓할 수는 없다. 잘못을 저지르고 후회하고 반성하는 것이 평범한 사람의 일상적인 모습이기 때문이다. 그러나 자녀 앞에서는 그 기준이 더욱 엄격해야 한다. 작은 잘못과 사소한 거짓이라도 스스로 허용해서는 안 된다. 만약 무심코 했다면 반드시 바로잡아야 한다.

♦ 삶을 교육하는 장소, 가정 삶의 태도를 가르치는 선생님, 부모

자녀에게 바르게 살아야 한다고 가르쳐도 부모의 삶이 그렇지 못하다면 바른 가르침이 될 수 없다. 특히 부모의 말과 삶이 다른 경우 자녀들에게 혼란을 가중시킬 뿐이다. "공부해야 좋은 삶을 살 수 있다"고 가르치면서 정작 부모 자신은 전혀 공부하지 않는 것, "독서는 삶을 풍요롭게 해준다"라고 말하면서 정작 자신은 책 한번 펼치지 않는 것도 마찬가지다. "교통질서를 지켜야 한다"라고 가르치면서 한가한 도로에서 아이의 손을 잡고 무단횡단하는 모습을 보이기도 한다. 사소한 일 같지만 자녀에게는 이중적인 행동으로 비칠 수 있다.

부모의 모습이 자녀의 삶에서 곧장 드러나지 않을 수 있다. 그러나 이런 모습이 계속 쌓인다면 자녀가 미래에 보일 삶의 자세나 방식이 될 수도 있다. 참 무겁게 여겨질 수 있지만 심각하게 생각할 필요는 없다. 하루하루 정직한 삶의 모습을 보이고, 잘못이 있으면 인정하고 고치는 모습을 보이면 된다. 부모가 자녀에게 완벽한 사람으로 보일 필요는 없다. 당연히 그럴 수도 없다. 단지 우리 평범한 사람들이 살고자 하는 정직한 삶의 자세와 충실한 모습을 보여주면 된다.

《내가 정말 알아야 할 모든 것은 유치원에서 배웠다》는 인생에서 중요한 것은 기본임을 가르쳐주는 책이다. 그러나 유치원보다 먼저 배우는 곳이 있으니, 바로 가정이다. 굳이 드러내 말하지 않아도 하루하루 보이는 부모의 모습은 평생 아이의 마음에 새겨진다. 이렇게 보면 부모에게 가정은 가장 편안한 곳이 아닐지도 모른다. 자녀에게 삶을 가르쳐주는 소중한 교육의 장소이기 때문이다. 특히 막 배우기 시작한 아이에게는 더욱 그렇다. 가정은 평안해야 하지만, 올바른 삶의 기준은 엄격해야 한다.

아이가 해야 할 일보다 하지 말아야 할 일을 알려줄 것

노자를 시조로 하는 도가는 '무위無爲의 철학', 즉 인위적으로 아무것도 하지 않아야 세상이 조화롭게 된다는 주장을 펼쳤다. 자연이 누구의 간섭 없이도 조화롭고 아름답게 흘러가는 것처럼 사람 사는 세상의 이치도 그렇다는 것이다. 이와 달리 공자를 중심으로 하는 유가에서는 '유위有爲의 철학', 즉 세상을 평안하게 하기 위해서는 반드시 무엇을 해야 한다는 주장을 펼쳤다. 개개인은 수양과 학문을 통해 자신을 성장시켜야 하고, 지도자도 그 기반 위에서 세상을 다스려야 좋은 세상이 될 수 있다는 것이다.

그러나 유가에서는 무엇을 제대로 이루기 위한 전제로 하지 말아야 할 것을 하지 않는 것을 중요시했다. 다음은 《예기》 〈곡례〉에 실린 글이다.

> 구차하게 재물을 얻으려 하지 말며, 곤경에 처해서는 구차하게 면하려 하지 말며, 이기기를 구함에 있어 정도를 어기지 말며, 지나치게 많은 것을 구하지 말며, 의심나는 일에 대해서는 자신이 바로잡아 임의로 결정하지 말며, 생각을 솔직하게 말할 뿐 자신만 옳다고 고집해서도 안 된다.

인생의 중요한 결정에서부터 사소한 일상생활에서까지 하지 말아야 할 일을 알려주고 있다. 심지어 이 글에 이어서 "다른 사람의 신을 밟거나 앉아 있는 좌석을 넘지 마라" "남의 이론을 표절하거나 무조건 따르지 마라" "곁눈질로 보거나 게으르고 해이해지지 마라" 등 지극히 사소한 부분까지 망라하고 있다.

♦ 수단이 올바를 때 그 성과도 의미가 있다

하지 않아야 할 일을 미리 정하는 것은 일을 시작하기에 앞서 의롭지 않은 일을 배제하고, 마땅히 해야 할 일에 방해가 되는 요소를 제거하고자 하는 것이다. 애초에 방향이 잘못되었거나 동기가 훼손되었다면 어떤 성과를 거두더라도 그 일은 정당한 일이 될 수 없다.

예를 들어 성공과 명예를 추구하면서 그 방법이 의롭지 않다면 얻지 않은 것만 못하다. 그다음은 절제, 즉 지나친 욕심과 탐욕을 추구하지 않는 것이다. 욕심과 탐욕에 사로잡히면 사람들은 자신이 가진 것에 만족하지 못하고 끝없이 자기 욕심을 채우고자 한다. 설사 가진 것이 충분해도 멈추지 않는다. 이런 삶은 결코 행복할 수 없다.

맹자는 이런 생각을 "사람으로서 하지 말아야 할 바가 있은 다음에 해야 할 일이 있다"라고 정리한다. 애초에 잘못된 생각과 일을 배제함으로써 해야 할 일의 올바른 방향을 설정하고, 일하는 과정에서 반드시 올바른 수단을 사용하고 절차를 지켰을 때라야 진정한 성과를 얻을 수 있다는 가르침이다. 그리고 맹자는 이런 생각을 지켜 나갈 때 반드시 의미 있는 삶, 의로운 삶의 성과를 얻을 수 있다고 말한다.

"사람이 남을 해치려고 하지 않는 마음을 넓혀 나갈 수만 있다면 인은 이루 다 쓸 수 없을 정도로 넘치고, 구멍을 파고 담장을 넘어 남의 것을 훔치려고 하지 않는 마음을 확충할 수 있다면 의는 이루 다 쓸 수 없을 정도일 것이다. 사람이 이놈 저놈 하는 수모와 무시를 당하지 않으려는 마음을 지켜 넓혀 나갈 수 있다면 어디를 가든지 의롭지 않은 일이 없을 것이다."

♦ 다산이 자녀에게 가르친 인생의 두 가지 기준과 네 개의 등급

다산도 삶에서 이런 원칙을 지켜 나갈 것을 신조로 삼았다. 다산은 두 아들에게 보낸 편지에서 이렇게 썼다.

> 천하에는 두 가지 큰 기준이 있다. 하나는 시비是非, 옳고 그름의 기준이다. 또 하나는 이해利害, 이익과 손해의 기준이다. 이 두 가지 큰 기준에서 네 종류의 큰 등급이 생긴다. 옳은 것을 지켜서 이익을 얻는 것이 가장 큰 등급이요, 옳은 것을 지켜서 해를 받는 것이 그다음 등급이다. 또한 나쁜 것을 좇아 이익을 얻는 것이 그다음이며, 가장 나쁜 등급은 나쁜 것을 좇아서 해를 받는 것이다.

이 편지는 아버지의 오랜 귀양 생활이 안타까웠던 아들이 당시 권력자에게 용서를 구할 것을 권하자 이를 꾸짖기 위해 쓴 글이다. 다산은 이런 행동이 세 번째 기준인 나쁜 것을 좇아 이익을 얻는 것이지만 실상은 네 번째 기준, 즉 나쁜 것을 좇아서 해를 받는 행동이 될 뿐임을 알았다. 다산에게는 이처럼 어떤 상황에서도 반드시 지켜야 할 분명한 잣대가 있었다. 제아무리 이익이 되는 일이라고 해도 옳지 않은 일은 선택하지 않고, 설사 해가 되더라도 옳은 일은 포기하지 않는다. 이익이 된다고 해서 나쁜 일을 좇는다면 결국 네 번째 등급, 나쁜 일을 하면서 이익도 얻지 못하는 단계로 떨어지고 만다.

사람들은 흔히 일을 이루는 데 집중하다 보면 조급해지기 마련이다. 특히 그 일이 크고 중요하다고 생각하면 더욱 그렇다. 일을 이루어가는 과정도 마찬가지다. 조급해지면 절차와 과정의 정당성을 따지기보다는 일의 결과에 치중할 수밖에 없다. 심한 경우 편법과 불법을 저지르기도 한다. 또한 '조금만' '잠시만' '약간만'이라고 하며 지켜야 할 마음에 틈을 보이는 것도 마찬가지다.

이것이 바로 근본이 무너지는 것이다. 《대학》에서 "근본이 어지러우면서 말단이 다스려지는 일은 없다"고 했다. 그리고 《논어》에서는 본립도생本立道生, 즉 "근본이 바로 서면 길이 생긴다"고 했다. 해야 할 것과 하지 말아야 할 것을 정해 지키는 것이 근본을 세우는 일이다. 근본이 서면 모든 일에 길이 열리게 된다.

부모는 흔히 자녀에게 무엇을 하라고 다그친다. 공부해라, 형제와 싸우지 마라, 좋은 친구를 사귀라 등등. 물론 이 모두가 중요하지만 그전에 장애물을 먼저 제거해야 한다. 공부에 방해가 되는 나쁜 습관이나 게으른 생활 태도, 형제를 배려하지 않고 자기 것만 챙기려는 욕심, 나쁜 친구와 어울려 시간을 보내는 것 등 하지 말아야 할 일을 먼저 생각하도록 해야 한다. 그러고 나서 지키게 해야 한다.

어릴 때부터 그릇된 일을 하지 않는다는 분명한 기준을 세우면 쉽게 흔들리지 않는다. 당연히 자라서도 유혹에 흔들리지 않고 불의와 타협하지 않는 주관이 뚜렷한 사람이 된다. "올바른 일이면서도 내게 이익이 되는 일을 선택한다!"라는 분명한 인생의 저울이 있어 어떤 일을 하든지 지키게 한다면 자녀의 앞날은 걱정할 필요가 없다. 그 어떤 상황에서도 이겨 나갈 힘을 갖게 되고, 정의를 바탕으로 하는 올바른 성공을 거둘 수 있다.

잘못을 하면서 아이는 성장한다

《논어》〈술이〉에 나오는 글이다.

> 인격을 수양하지 못하는 것, 배운 것을 익히지 못하는 것, 옳은 일을 실천하지 못하는 것, 잘못을 고치지 못하는 것이 내 걱정거리다.

얼핏 보면 보통 사람이 날마다 자신을 반성하는 것처럼 보일 정도로 평범한 문장이다. 하지만 이 글은 공자가 했던 말이다. 학문과 수양에서 최고 경지에 이른 공자도 이런 반성을 했다. 특히 네 번째 '잘못을 고치지 못하는 것'은 더욱 의외다. "잘못을 고치지 못하는 것이 걱정이다"라는 말은 잘못을 저질렀다는 것을 전제로 한다. 심지어 그 잘못을 고치지 못하는 것이 걱정이라고 하니 선뜻 이해하기가 어렵다.

이처럼 어떤 사람도 완벽할 수 없기 때문에 잘못을 저지를 수 있다. 그런데 잘못을 저질렀을 때 스스로 돌이켜 반성한다는 것은 더욱 쉽지 않다. 잘못에 대한 인정은 자신의 부족함을 인정하는 것이고, 그것이 다른 사람에게 알려지면 자존심에 손상을 입게 된다. 그래서 공자는 "잘못을 저지르지 마라"는 말 못지않게 "잘못을 반성하여 고치기를 게을리하지 마라"고 거듭 강조한다.

《논어》〈자한〉에서는 "잘못하거든 고치기를 꺼려 하지 마라"고 하며, 〈위령공〉에서도 "잘못을 알면서도 고치지 않는 것, 그것이 바로 잘못이다"라고 말한다. 《좌전》에서는 "사람은 성인이 아닌데 누구든 잘못을 저지르지 않겠는가. 잘못을 저질렀어도 고칠 수 있다면 그보다 더 나을 수 없다"라고 말한다. 이들 문장은 모두 잘못 그 자체를 꾸짖기보다는 잘못을 저질렀다면 그것을 고쳐야 한다고 강조하는 내용이다.

♦ 잘못에 대처하는 올바른 자세

《전습록》에 실린 글이다.

후회는 병을 고칠 수 있는 약이다. 하지만 더 중요한 것은 잘못을 고치는 것이다.

제자 설간薛侃이 항상 후회하는 모습을 보이자 실질과 실천을 강조했던 양명학의 창시자 왕양명王陽明이 한 말이다. 잘못을 저질렀을 때 반성하고 후회하는 것은 자기 발전을 위해 꼭 필요하다. 하지만 잘못을 고치는 것이 더 중요하다는 사실을 잊어서는 안 된다. 잘못된 약이 오히려 병을 더 악화시키듯이, 후회도 마찬가지다. 후회는 잘못을 고칠 수 있는 약이지만 행동으로 옮기지 않고 오래 품고만 있으면 오히려 마음이 병들게 된다. 나중에 더 큰 후회를 만들 수도 있다. 《근사록》에 실린 다음 글은 그 내용이 좀 더 현실적이다.

잘못을 반성하는 일이 없어서는 안 되지만, 지나치게 오래 마음에 품고 있어서도 안 된다.

잘못했을 때 땅이 꺼질 듯이 괴로워하고, 두고두고 그 일을 자책하는 사람이 있다. 특히 그 잘못으로 큰 손해를 입었거나 심한 꾸지람을 들었을 때는 더욱 그렇다. 그러나 반성을 지나 자책이 되면 자포자기가 되고 만다. 이런 사람은 단 한 번의 잘못으로도 도전할 의욕까지 잃어버리고, 결국 재기할 수 없는 상황에 빠지게 된다.

다산은 마흔이 될 때까지 누구나 인정할 정도로 성공한 인생을 살았다. 그러나 승승장구하던 그의 삶도 많은 잘못이 있었고, 후회스러운 일도 많았다. 다산은 그 후회를 고스란히 자신의 《시문집》에 담았다. 심지어 감추면 아무도 모를 일까지 솔직하게 글로 남겼다. 정말 중요한 것은 잘못 그 자체나 잘못을 후회하고 자책하는 게 아니라 그 잘못을 고치는 것임을 분명히 인식하고 있었기 때문이다. 다산은 자신의 당호인 〈여유당기〉에서 이렇게 썼다.

> 내 병은 내가 잘 안다. 나는 용감하지만 지모智謀, 슬기로운 꾀가 없고 선善을 좋아하지만 가릴 줄을 모르며, 마음 내키는 대로 즉시 행하여 의심할 줄을 모르고 두려워할 줄도 모른다. 그만둘 수 있는 일임에도 마음에 기쁘게 느껴지면 그만두지 못하고, 하고 싶지 않은 일이지만 마음이 꺼림칙하거나 불쾌하면 그만둘 수가 없다. 그래서 어려서부터 세속 밖에 멋대로 돌아다니면서도 의심이 없었고, 이미 장성해서는 과거 공부에 빠져 돌아볼 줄 몰랐고, 나이 서른이 되어서는 지난 과오를 깊이 뉘우치면서도 두려워하지 않았다. 이로 말미암아 선을 끝없이 좋아했으나, 비방은 홀로 많이 받고 있다. 아, 이것 또한 운명이란 말인가! 이것은 내 본성 때문이니, 내 어찌 감히 운명을 말하겠는가! 내가 노자老子의 말을 보건대 "신중하라, 한겨울에 내를 건너듯이. 두려워하라, 사방에서 에워싼 듯이"라고 했으니, 이 두 마디 말은 내 병을 고치는 약이 아닌가. 사람들은 대체로 차가움이 뼈를 에듯 하므로 아주 부득이한 일이 아니면 겨울에 시내를 건너지 않는다. 사방에서 이웃이 엿보는 것을 두려워하는 사람은 다른 사람의 시선이 자기 몸에 이를까 하는 염려 때문에 아주 부득이한 경우라도 하지 않는다.

다산은 자신의 과오와 잘못을 통렬하게 시인하고 있다. 젊은 날의 치기, 타협과 절제를 모르는 무모한 성품을 있는 그대로 인정하고 반성했다. 하지만 글의 끝부분에서는 자신의 잘못을 고칠 방도를 찾아 실천할 것을 다짐하고 있다. 이것이 잘못을 대하는 올바른 태도다. 반성은 새로운 출발을 위한 원동력이자 딛고 도약할 받침대가 되어야 한다. 실패는 누구나 경험하는 일이지만 성공하는 사람은 그 실패를 결과가 아니라 하나의 과정으로 생각한다.

♦ 꾸짖음은 화풀이가 아니라 잘못을 고치는 약이 되어야 한다

자녀들이 큰 잘못이라도 저지르면 부모의 속은 들끓고, 자녀는 주눅이 들어 움츠러든다. 이때 반드시 염두에 두어야 할 것은 감정에 휩쓸려서는 안 된다는 점이다. 감정은 감정을 부르기 때문에 자녀에게 상처 주는 말을 하게 된다. 심지어 시간이 지난 다음에도 예전의 잘못을 끄집어내어 꾸짖는 경우가 종종 있다. 이렇게 받은 상처가 마음에 남으면 자녀는 끊임없이 자책하게 된다. 후회를 넘어 자책이 습관화될 수도 있다.

물론 잘못은 당연히 꾸짖어야 한다. 그러나 핵심은 같은 잘못을 반복하지 않도록 깨우침을 주는 것이다. 스스로 무엇을 잘못했는지 인식하고, 잘못을 깊이 반성하고, 그 잘못을 되풀이하지 않도록 해야 한다. 이런 과정을 거치면 잘못은 성장을 위한 동력이 될 수 있다.

환경을 이기는 아이로 키우는 방법

마을의 풍속이 인함은 아름다운 것이다. 인에 거하지 않는다면 어찌 지혜롭다고 하겠는가.

《논어》〈이인〉에 실려 있는 글로, 〈이인〉은 이 문장의 원문 앞 두 글자를 편의 이름으로 삼은 것이다. 이 글을 두고 중국 후한 말기의 유학자 정현鄭玄은 "이里는 백성이 사는 곳인데, 어진 이의 마을에 산다는 건 아름다운 것이다. 살 곳을 구하되 어진 이의 마을을 구해 살지 않으면 지혜롭다고 할 수 없다"라고 예문을 해석했다. 다른 유학자 형병邢昺도 같은 해석을 했는데, 오늘날 많이 따르는 가장 일반적인 해석이라고 할 수 있다. 도를 추구하는 사람은 마땅히 풍속이 어질고 아름다운 기질을 지닌 사람들이 있는 곳을 선택해야 한다는 것이다. 좋은 환경에 머물 때 좋은 영향을 얻는다는 점에서 보면 당연한 이야기라고 할 수 있다.

그러나 다산의 견해는 달랐다. 원문을 해석하는 것에서도 분명한 차이를 보인다. "사람이 거처하는 마을은 인을 행하는 것이 아름다운 것이다. 거주지를 선택하되 '스스로 인에 거하지 않으면' 어찌 지혜롭다고 하겠는가!" 다른 유학자들은 인한 마을을 선택하여 거주해야 한다고 해석했다면, 다산은 인을 행하는 것은 자신의 선택이라고 해석했다. 아무리 척박한 곳에 머문다고 해도 자신이 인을 행하면 그곳은 편안하고 아름다운 거처가 될 수 있다는 것이다. 다산은《논어》에 실린 두 구절을 그 근거로 들고 있다.

> 공자가 동쪽 오랑캐의 땅에 가서 살고자 하여 말하기를 "군자가 가서 살면 어찌 누추함이 있겠는가"(《논어》〈자한〉)라고 했다. 또한 "말이 진실하고 믿음이 있으며 행동이 독실하고 공경스러우면 비록 오랑캐의 나라라고 하더라도 뜻을 펼칠 수 있다"(《논어》〈위령공〉)라고 했다. 그러니 군자의 도는 그것을 닦는 것이 자신에게 달려 있어 어느 곳에 가더라도 행하지 못함이 없다. 만약 반드시 어진 이가 사는 곳을 택해 살고자 한다면 이는 자신의 잘못을 돌아보지 않고 먼저 남의 잘못을 꾸짖는 격이니, 배울 만한 것이 아니다.

♦ 부모가 아이에게 알려줘야 하는 것

다산의 해석은 독창적이고 다양한 사례를 인용함으로써 충분히 공감이 가지만, 이는 학문과 수양이 높은 경지에 이른 사람만이 가능한 일이라고 할 수 있다. 어린아이뿐 아니라 설사 성인이라고 해도 환경의 영향에서 자유로울 수 없기 때문이다. 따라서 자녀들에게 좋은 환경을 제공해주고 싶은 것은 모든 부모의 공통된 바람이다. 그럼에도 마음은 간절하지만 여건이 여의치 않아 제대로 해주지 못하는 것이 현실이다.

다산도 마찬가지였다. 두 아들에게 좋은 환경을 만들어주지 못한 것을 안타까워했다. 그러나 지금 당장은 좋은 환경에 거하지 못할지라도 좋은 환경을 얻기 위한 노력을 게을리해서는 안 된다고 가르친다. 그리고 사대부로서 거주지를 어떻게 얻을지에 대해 방향을 일러준다.

> 무릇 사대부의 가법은 뜻을 얻어 벼슬길에 나서면 서둘러 산언덕에 집을 세 얻어 처사의 본색을 잃지 않아야 한다. 만약 벼슬길이 끊어지면 급히 서울 언저리에 의탁해 살면서 문화文華, 시대에 뒤처지지 않은 선진 문화의 안목을 떨어뜨리지 않아야 한다. 내가 지금 죄인의 명부에 있는지라, 너희를 잠시 시골집에 숨어 지내게 했다. 뒷날의 계획으로는 다만 도성에서 10리 안쪽에 거처를 정할 수 있을 것이다. 만약 가세가 기울어 깊이 들어갈 수 없게 되면, 서울 근교에 머물면서 과실을 심고 채소를 기르며 생활을 도모하다가 재물이 조금 넉넉해지기를 기다려 도성 중심부로 들어가도 늦지 않을 것이다.

자신은 귀양길에 오르고 가문은 폐족이 되었지만, 아들들에게는 서울을 떠나지 말라고 한다. 비록 폐족이 되었다고 해도 시골로 숨어들면 세상과 단절되어 세상의 변화와 문화적 혜택을 받을 수 없게 된다. 따라서 반드시 변화와 신문물을 접할 수 있는 도성에 머물러야 한다는 것이다.

물론 다산의 생각은 그 당시의 시대상에 따른 것이다. 오늘날은 지방이라고 해서 변화와 신문화에 소외된다는 것은 상상할 수 없는 일이다. 통신과 교통의 발달로 세상이 거의 동시에 변화를 접하기 때문이다.

♦ 선택의 주체는 자기 자신

〈이인〉에 실린 거주지에 대한 생각은 다산의 통찰이 더욱 소중하게 느껴진다. 어느 곳에 거하든지 자신의 삶은 모두 자신에게 달린 것이다. 환경과 여건을 극복하고 선한 영향력을 끼치며 주위를 변화시킬 것인지, 나쁜 환경과 여건 탓을 하며 오히려 물들 것인지는 오로지 자신의 선택이다.

"물고기를 주기보다 물고기 잡는 법을 가르쳐라"는 말이 있다. 환경을 제공해주는 것도 마찬가지다. 좋은 환경을 제공하는 것보다 주어진 환경을 극복하고 이겨내는 용기와 자신감을 심어주는 것이 자녀에게 줄 수 있는 가장 큰 자산이다.

그러나 자녀가 스스로 돌볼 수 있을 만큼 성장하지 않았을 때는 부모의 도움이 필요하다. 이는 반드시 좋은 학군, 비싼 주거지를 말하는 것이 아니다. 부모가 할 수 있는 여건 아래서 좋은 가정환경, 화목한 가정을 만드는 것이 중요하다. 좋은 환경을 만들어주기 위해 노력하는 한편, 비록 환경이 좋지 못하더라도 그것을 이겨낼 정신을 심어주어야 한다. 정신이 바르게 서면 어떤 환경도 극복할 수 있는 용기와 자신감이 생긴다.

자신에게 검소하고, 타인에게 인색하지 않게

검소함은 평범한 사람의 일상적 도리로, 큰 뜻을 품은 사람에게는 더욱 중요한 덕목이다. 제갈량도 〈계자서〉에서 아들을 가르치면서 검소함을 강조했다. "무릇 군자의 행실은 평온한 마음으로 수신하고, 검약하는 마음으로 덕을 함양하는 것이다"라고 편지의 첫머리에 썼다. 큰 뜻을 이루고자 한다면 반드시 평온한 마음과 검소한 자세를 지녀야 한다는 것이다.《안씨가훈》에서는 다음과 같이 말하고 있다.

공자가 말하기를 "사치하면 불손하고 검소하면 고루하다. 불손하기보다는 차라리 고루한 편이 낫다"고 했다. 또 말하기를 "만일 주공과 같은 훌륭한 재주를 지니고 있더라도 교만하고, 게다가 인색하다면 그 나머지는 볼 것이 없다"라고도 했다. 그러므로 검소한 것은 좋으나 인색해서는 안 된다. 검소하다는 것은 쓸데없는 것을 줄여 예의 정신에 합치되는 것을 말한다. 인색하다는 것은 몹시 곤궁함에도 도와주지 않는 것이다. 그런데 지금 세태는 베푸는 데는 사치스럽고, 검소한 데는 인색하다. 만약 베풀되 사치스럽지 않고, 검소하되 인색하지 않을 수 있다면 이상적이다.

이 글에서 인용한 공자의 말은 각각 《논어》〈술이〉와 〈태백〉에 실린 글이다. 모두 교만을 경계하고 검소해야 한다는 가르침을 준다. 안지추는 이 말의 진정한 뜻을 말해주는데, 바로 자신에게는 검소하되 어려운 사람을 도와 베푸는 데 인색해서는 안 된다는 것이다. 마지막 문장에서 베풀되 사치스럽지 말라는 것은 교만한 마음으로 해서는 안 된다는 말이며, 검소하되 인색하지 않는다는 것은 검소함이 지나쳐 어려운 사람을 돕는 마음까지 아껴서는 안 된다는 뜻이다.

♦ 어떤 부자가 성공한 사람일까

다산이 두 아들에게 당부한 것도 검소함儉과 부지런함勤이다. 다산은 〈두 아들에게 보여주는 가계〉에서 이렇게 말한다.

나는 너희에게 논밭을 남겨줄 만한 벼슬은 하지 않았지만 삶을 넉넉히 하고 가난을 구제할 수 있는 두 글자를 너희에게 주노니 소홀히 여기지 마라. 한 글자는 '근'이요, 또 한 글자는 '검'이다. 이 두 글자는 좋은 전답이나 비옥한 토지보다 나으니 평생 써도 다 쓰지 못할 것이다. '근'은 오늘 할 일을 내일로 미루지 말며, 아침에 할 수 있는 일을 저녁까지 미루지 말며, 갠 날에 할 일을 비 오는 날까지 끌지 말며, 비 오는 날에 할 일을 날이 갤 때까지 지연시켜서는 안 된다. (…) 그렇다면 '검'은 무엇인가? 의복은 몸을 가리기 위한 것을 취할 뿐이니, 가는 베로 만든 옷은 해어지면 볼품없어지고 만다. 그러나 거친 베로 만든 옷은 비록 해어진다고 해도 볼품없지 않다. 한 벌의 옷을 만들 때마다 모름지기 이후에도 계속 입을 수 있느냐 여부를 생각해야 하는데, 만약 그렇게 하지 못한다면 가는 베로 만들어 해어지고 말 뿐이다. 생각이 여기에 미치면 고운 베를 버리고 거친 베로 만들지 않을 사람이 없을 것이다. 음식은 생명만 연장하면 된다. 아무리 맛있는 횟감이나 생선도 입안으로 들어가면 더러운 물건이 되어버리므로 목구멍으로 넘기기 전에 사람들은 더럽다고 하는 것이다.

다산의 가르침은 엄격하다. 그리고 다산이 가르치는 검과 근, 두 글자의 의미는 상세하고 실천적이다. 검과 근의 덕목은 단지 궁핍한 사람뿐 아니라 아무리 귀한 신분의 사람이라도 자신을 다스리는 데 예외가 될 수 없다. 다산은 이렇게 말한다.

"이런 생각은 눈앞의 궁한 처지를 대처하는 방편일 뿐 아니라 비록 귀하고 부유함이 극도에 다다른 선비라고 할지라도 집안을 다스리고 몸을 바르게 하는 방법으로, 근과 검 이 두 글자를 버리고는 손

댈 곳이 없을 것이다. 너희는 반드시 가슴 깊이 새기도록 하라."

다산이 강조했던 근과 검은 단순히 가난을 극복하거나 부자가 되는 일이 아니라 자신을 수양하고 덕을 함양하는 일임을 알 수 있다. 이런 점을 미루어 생각해 보면 큰 성공을 거두고 많은 부를 가진 사람일지라도 그 가르침에서는 예외가 될 수 없다. 다산이 다른 날에 두 아들에게 준 부에 대한 가르침을 보면 그 진정한 뜻을 제대로 알 수 있다.

그러므로 재화를 비밀리에 숨겨두는 방법으로 남에게 베푸는 것보다 더 좋은 것은 없다. 도둑에게 빼앗길 염려도 없고, 불에 타버릴 걱정도 없고, 소나 말이 운반해야 할 수고로움 없이 자신이 죽은 뒤까지 지니고 가서 천년 동안 꽃다운 명성을 전할 수 있으니, 세상에 이보다 더 큰 이익이 있겠느냐. 재물은 더 단단히 잡으려고 하면 미끄러져 빠져나가니 재화야말로 미꾸라지 같은 것이다.

오직 자신이 누리고 즐기는 것이 아니라 다른 어려운 사람에게 베푸는 것이 재물을 가장 가치 있게 쓰는 것이라는 통찰이다. 우리가 평생을 두고 좇는 재물과 성공은 인생의 목적지가 될 수 없다. 진정한 가치가 아니기에 설사 얻는다고 해도 지나고 나면 아무것도 아니라는 것을 깨닫게 된다. 우리는 물거품 같은 허상에 목숨을 걸고 있는지도 모른다. 우리 아이들에게도 오직 부와 성공의 삶을 가르친다면 왜곡된 가치관을 심어주는 것일 수 있다.

♦ 돈의 노예가 되는 아이 VS 돈의 쓰임새를 아는 아이

물론 자녀들이 부유한 삶을 사는 것을 마다할 사람은 없다. 당연히 부자가 될 수 있도록 올바른 경제 관념을 심어주어야 한다. 스스로 진정한 자유를 누리고, 다른 이들을 돕기 위해서도 가진 것이 있어야 하기 때문이다. 그러나 자녀들이 노예처럼 평생을 부와 성공만 좇아 사는 것을 바라는 사람도 없을 것이다. 이런 가치관을 가진 사람은 재물을 움켜쥐고 결코 나눌 줄 모른다. 비록 가진 것이 많을지는 몰라도 평생 가진 것을 잃지 않을까 불안 가운데서 사는 것은 불행한 일이다.

삶의 진정한 가치는 자신이 가진 재물로 평가받지 않는다. 얼마를 가졌든 그 재물을 어떻게 쓰느냐가 진정한 자신의 가치를 말해준다. 평온하고 소박한 삶, 나눔의 기쁨을 알고 사랑을 베풀 줄 아는 삶, 배움으로 자신을 더욱 풍성하게 가꾸는 삶, 무엇보다도 자신이 정한 뜻을 이루어가는 삶이 가장 행복한 삶이다. 그 바탕이 바로 검소함과 부지런함이다. 이는 자녀들에게 주어야 할 삶의 지혜이자 제갈량과 다산이 남겨준 찬란한 유산이다.

Part 2

자自승勝자者강强

자기조절 능력을 갖춘 아이는 어떤 어려움도 이겨낸다

아이도 혼자만의 시간이 필요하다

'성찰省察'은 과거 뛰어난 성현들이 스스로 수양하고 정진하기 위해 취했던 삶의 기본적 자세를 뜻한다. 우리말 사전에서는 '자신의 일을 반성하며 깊이 살핌', 한자 사전에서는 '허물이나 저지른 일들을 반성하며 살피는 것'이라고 설명한다. 두 사전 모두 반성과 살핌이라는 의미가 공통으로 들어가 있다.

아이들에게 반성하는 자세를 가르치면서 유념할 것이 '성찰'이라는 단어의 의미다. 단순히 자신의 잘못을 반성하는 것에 그칠 게 아니라 그에 덧붙여 '깊이 살피는' 자세가 꼭 필요하다. 단순히 잘못을 반성만 하고 끝낸다면 자기를 핍박하는 자책에 그칠 수도 있다. 반드시 그 잘못에 대해 깊이 생각한 뒤 무엇을 고쳐야 하고, 앞으로 어떻게 해야 하겠다는 계획이 함께해야 한다. '깊이 살핌'이 바로 그것이다.

성찰은 먼저 자신을 객관적으로 보는 솔직함과 부족함을 인정할 줄 아는 겸손함, 잘못을 즉각 고치는 실천 정신이 있어야 행할 수 있다. 이런 자세가 바탕이 될 때 진정한 성찰을 할 수 있고, 자신의 삶을 더욱 가치 있게 만들어갈 수 있다.

♦ 하루 세 가지 반성의 힘

서양 철학의 시조 소크라테스는 "성찰하지 않는 삶은 살 가치가 없다"라고 했다. 삶의 가치와 의미를 성찰에 둔 것이다. 소크라테스가 말한 성찰은 "나 자신은 아무것도 아는 것이 없다. 단지 아는 것은 내가 모른다는 사실이다"라는 '무지無知의 지知'를 핵심으로 한다. 이처럼 자신의 무지를 깨닫는 것은 진리를 찾는 첫걸음이 된다. 그 바탕이 생각이고, 수단은 질문과 대화였다. 생각을 통해 세상의 진리를 알고, 질문을 통해 자신은 물론 다른 사람의 무지를 깨닫고, 진리를 찾는 여정을 시작했던 것이다.

한편 동양 철학은 성찰의 의미를 자기 수양에 두었다. 먼저 자기 자신을 바르게 하고, 그것을 바탕으로 세상을 바로잡기 위해 노력해야 한다는 것이다. 사서삼경 중 하나인 《대학》이 말해주는 바와 같다. 《대학》의 핵심 구절은 우리가 잘 알고 있는 '수신제가치국평천하修身齊家治國平天下'다. 먼저 자신을 바르게 수양한 다음에 집안과 나라를 다스려야 결국 천하가 평안해질 수 있다. 여기까지는 잘 아는 내용인데, 《대학》에는 수신의 전 단계 네 가지가 나온다. 바로 '격물치지성의정심格物致知誠意正心'이다. 세상의 이치를 깊이 연구하여 지식을 충실하게 한 다음에 반드시 올바른 뜻을 세우고 바른 마음을 가져야 한다. 이렇게 할 때 개인의 수양이 완전해지고, 세상을 향해 나아갈 자격이 생긴다. 이런 과정을 충실히 이행하기 위해 꼭 필요한 것이 바로 성찰의 자세다.

공자의 제자이자 유학의 계승자로 손꼽히는 증자曾子는 제자들 가운데서 좀 우둔한 측에 속했다. 《논어》 〈선진〉에서 "삼증자의 원래 이름은 증삼이었음은 둔하다(삼야로參也魯)"라고 말했던 것을 비롯해 《사기》 등 많은 고전에서 공자가 제자의 우둔함을 한탄하는 장면이 나온다. 공자는 학문의 진전이 느리고 우직해서 융통성도 없는 제자의 모습을 안타깝게 여겼다. 이처럼 초기에 인정받지 못했던 증자는 미련할 정도로 스승의 가르침을 열심히 배우고 실천하여 유학의 계승자가 될 수 있었다. 그의 이런 모습을 보여주는 고사 하나가 《논어》 〈학이〉에 실려 있다.

> 나는 날마다 세 가지 점에 대해 나 자신을 반성한다. 남을 위하여 일을 도모하면서 진심을 다하지 못한 점은 없는가? 벗과 사귀면서 신의를 지키지 못한 점은 없는가? 배운 것을 제대로 익히지 못한 것은 없는가?

증자가 말했던 세 가지는 바로 충실함忠과 믿음信, 배움學으로 스승인 공자가 늘 강조했던 것이다. 여기서 우리가 중점적으로 새겨야 할 것은 증자가 날마다 반성했다는 점이다. 자신의 부족한 점을 날마다 반성했다는 것은 성장을 멈추지 않았다는 것이다. 어제보다 더 나은 오늘, 오늘보다 더 나은 내일을 얻는 최선의 방법은 날마다 자신을 돌아보고 반성하고 고쳐 나가는 것이다.

♦ 멈추지 않으면 생각할 수 없고, 생각하지 않으면 성장할 수 없다

성인이 아닌 다음에야 완벽한 사람은 없다. 날마다 잘못을 저지르고 후회하는 것이 평범한 우리의 모습이다. 하물며 어린 자녀들은 어떠하겠는가. 성장 과정에 있는 자녀들이 잘못을 저지르는 것은 어찌 보면 당연한 일이다. 부모들 역시 거쳐온 과정이 아닌가.

물론 자녀가 잘못하면 꾸짖어야 한다. 그러나 이때 중요한 것은 무조건 잘못을 꾸짖는 것이 아니라 스스로 돌아보게 하는 것이다. 그리고 깊이 살펴 깨닫게 해야 한다. 그것을 위해 혼자만의 시간을 갖게 할 필요가 있다. 그 시간은 자신의 잘못을 깨닫고 반성하는 소중한 시간이 되는데, 단순히 반성하는 데 그치는 것이 아니라 더 중요한 의미가 있다. 분주한 일상에서 벗어나 잠깐 멈춤의 시간을 갖는 것이다.

멈추지 않으면 생각할 수 없고, 생각하지 않으면 자신을 솔직하게 들여다볼 수 없다. 다른 어떤 것의 영향도 받지 않고, 심지어 부모로부터도 자유롭게 스스로를 돌아볼 때 자녀들은 자신의 솔직한 모습을 볼 수 있다. 그리고 나아갈 방향을 생각해 볼 수 있다.

하루의 일과를 마치고 자신을 돌아보는 시간을 갖는 것은 날마다 성장하는 중요한 습관이다. 들뜬 마음을 가라앉히고 차분하게 스스로를 돌아보는 시간을 통해 아이들은 한 뼘 더 성장한다. 뚜렷한 주관을 가진 사람이 되는 소중한 기회다.

공부머리는 타고나는 것이 아니라 만들어지는 것이다

"세 살 버릇 여든까지 간다"는 속담이 있다. 습관의 중요성을 말하는 것으로, 깊이 생각해 보면 '습관'이 인생을 좌우한다는 것을 알 수 있다. 세 살에 들인 습관이 여든까지 간다는 것은 그 습관으로 평생을 살아간다는 말이다. 만약 좋은 습관을 세 살부터 들인다면 성공한 인생을 살 수 있다. 반면 나쁜 습관을 들이면 그 인생은 힘들어진다. 이 속담에서 또 하나 배울 점이 있다면 습관은 고치기 어렵다는 것이다. 만약 쉽게 고칠 수 있다면 습관이 여든까지 갈 일은 없을 것이다.

《서경》〈태갑상〉에는 '습여성성習與性成', "습관이 오래되면 천성이 된다"는 말이 실려 있다. 중국 상나라를 세운 탕왕 시절의 명재상

이윤이 새롭게 왕위에 오른 탕왕의 손자 태갑이 나라를 제대로 다스리지 않고 계속 방탕한 생활을 하자 꾸짖으며 했던 말이다. 몇 번에 걸친 훈계와 간언에도 말을 듣지 않고 불의한 행동을 하자 "왕의 불의한 행동 습관이 마치 천성이 된 것과 같다"고 하며 강하게 질책했다. 이 고사에서 말하는 것은 습관의 부정적 측면이다. 잘못된 행동을 계속하면 본성本性, 사람이 본래 가진 성질처럼 되어 벗어나기가 어렵다는 뜻이다. 태갑은 3년 동안 참회의 시간을 가진 다음에야 왕위에 복귀할 수 있었다. 나쁜 습관을 고치는 데 무려 3년이라는 시간이 필요했던 것이다.

한편 공자는 좀 더 실감 나게 습관의 중요성을 강조한다. 《논어》에는 "본성은 서로 비슷하지만 습관에 따라 멀어진다(성상근야 습상원야 性相近也 習相遠也)"라는 글이 나온다. 사람의 타고난 본성은 비슷하지만 살아가면서 어떤 습관을 익히느냐에 따라 전혀 다른 인생을 살게 된다는 것이다. 결국 좋은 인생을 사는 것도, 나쁜 인생을 사는 것도 모두 몸에 익힌 습관에서 비롯된다는 것을 알 수 있다.

그러면 습관은 정확히 어떤 것일까? 한자 습관習慣을 자세히 보면 그 의미를 짐작할 수 있다. 습習은 어린 새가 날갯짓을 배우는 모습에서 나온 한자다. 관慣은 마음을 하나로 꿰뚫어 묶어둔 모습이다. 이를 미루어보면 어린 시절부터의 습관이 중요하다는 사실을 알 수 있다. 어린 시절부터 같은 행동을 반복해 마음이 묶이면 거기서 벗어나기가 어렵다.

♦ 모든 것은 사소한 차이에서 시작된다

서양 철학자들도 습관의 중요성에 대해 강조하고 있는데, 아리스토텔레스가 쓴《니코마코스 윤리학》에 습관에 대한 이야기가 나온다.

"습관으로 말미암아 자제력 없는 사람들이 본성적으로 자제력 없는 사람들보다 고치기가 쉽다. 본성을 바꾸는 것보다 습관을 바꾸는 것이 더 쉽기 때문이다. 그러나 실제로는 습관도 바꾸기가 어려운데, 에우에노스의 말처럼 습관은 제2의 본성이기 때문이다."

에우에노스는 기원전 5세기의 수사학자이자 철학자인데, 아리스토텔레스는 그의 말을 인용하면서 습관에 대한 자신의 생각을 말하고 있다. 습관은 본성과도 같지만 그래도 본성보다 바꾸기 쉽다는 것이다. 이어서 결론처럼 말했던 것이 아리스토텔레스가 말하고자 한 핵심이다. "친구여, 내 이르노니 오랜 기간 수련하다 보면 그것이 결국 사람의 본성이 된다네." 의식적인 노력을 통해 본성처럼 몸에 익힐 수 있는 것이 습관이다. 그래서 아리스토텔레스는 "아주 어릴 때부터 어떤 습관을 들이느냐에 따라 사소한 차이가 아니라 큰 차이, 아니 모든 차이가 생겨난다"라고 설파했다.

이처럼 습관은 우리의 본성을 바꾸고 인생을 좋은 방향으로 이끈다. 한번 익히면 큰 노력과 힘을 들이지 않고도 일상을 바꿔주기 때문이다. 그러나 앞서 태갑의 고사에서 보았던 것처럼 나쁜 습관은 오히려 우리 인생을 무너뜨리기도 한다. 결론적으로 습관은 인생의 성패를 좌우하는 핵심적 요소다.

♦ 66일간 같은 행동을 반복하면 생기는 일

그렇다면 우리의 습관은 현대 뇌과학적으로는 어떤 메커니즘을 가질까? 현대 뇌과학자의 학설을 인용해 보겠다. 우리의 뇌는 새로운 행동을 시작한 뒤 '낯설음'과 '본능적 거부감'을 잊으려면 21일이 필요하다. 우리 몸까지 그 습관에 완전히 젖어들려면 그 세 배인 66일이 걸린다. 이런 사실은 영국 런던대학교 제인 워들 교수의 실험으로 증명되었다.

그는 "마음먹은 행동을 얼마나 오랫동안 반복해야 습관이 되는가?"라는 의문을 품고 일반인 참가자 96명을 대상으로 실험을 진행했다. 12주간에 걸쳐 참가자들에게 '점심 식사 때 과일 한 조각과 물 한 병 마시기' '저녁 식사 전에 15분 뛰기' 등 건강에 도움이 되는 행동 하나를 선택해서 매일 반복적으로 실천하도록 했다. 그 결과 66일이 지나자 자신의 의식적 생각이나 의지 없이도 행동할 수 있는 습관으로 자리 잡았다고 한다. 제인 워들 교수는 "개인적 차이가 있기는 하지만 66일 동안 매일 같은 행동을 반복하면, 그 뒤에는 같은 상황에서 자동적인 반응으로 행동하게 된다"는 결론을 내렸다.

이 실험은 좋은 습관을 얻기 위해 필요한 시간은 66일이라는 사실을 알려준다. 길다면 긴 시간이지만 한번 얻게 되면 평생 자기 것이 된다는 측면에서 보면 그 시간을 아깝게 생각할 사람은 없을 것이다. 인생의 큰 차이를 만드는 가장 중요한 요소니까 말이다.

♦ 공부하는 아이로 키우는 첫 단계

공부에서도 습관이 중요하다. 공자가 말했듯이 사람의 지혜로움과 어리석음은 미미한 차이에 불과하다. 비록 타고난 천성이 부족하다고 해도 반복을 통한 습관화로 얼마든지 높은 경지에 이를 수 있다. 남보다 힘들고 좀 더 노력해야 할지 몰라도 그 가치는 변함이 없다. 아니, 타고난 천성을 지닌 사람보다 더 의미 있고 소중할 것이다. 타고난 천성은 목적지에 좀 더 일찍, 쉽게 도달하는 방법일 뿐이다. 자칫 방심하면 샛길로 빠질 수도 있고, 쉽게 이룬 것이니 그 소중함을 깨닫지 못해 교만해질 수도 있다. 삶에서 오히려 더 중요한 노력과 인내를 놓칠 수도 있다.

그러면 어떻게 해야 자녀들에게 좋은 습관을 갖게 할 수 있을까? 부모의 노력이 필요하다. 좋은 습관은 어린 시절부터 부모와 함께 들이는 것이다. 그때 필요한 시간은 66일이다. 두 달이 조금 넘는 시간을 투자하면 부모와 자녀의 삶이 함께 바뀔 수 있다. 부모가 항상 책을 가까이하는 모습을 보이면 자녀들은 자연스럽게 독서 습관을 들이게 된다. 부모가 공부를 쉬지 않으면 자녀들도 공부하는 자리에 앉게 된다. 규칙적인 생활 습관, 운동하는 습관 등 일상의 모든 측면에서 같은 원칙이 적용된다. 온 가족이 밝고 건강한 습관을 가진다면 당연히 건강하고 품격 있는 가정이 될 수 있다. 품격 있는 가정에서 익힌 좋은 습관은 평생 간다.

Key word 3. 안 좋은 습관을 가진 아이

부모의 단호함이 약이 될 때가 있다

인생에서 좋은 습관이 중요하다는 것은 누구나 절감하는 바다. 특히 어린 자녀들의 좋은 습관은 모든 부모의 염원이다. 습관이 인생을 좌우한다는 것을 잘 알고 있기 때문이다. 그러나 좋은 습관 못지않게 중요한 것이 바로 나쁜 습관에서 벗어나는 일이다. 나쁜 습관이 몸에 배면 좋은 습관이 들어올 틈이 없다. 따라서 자녀들이 좋은 습관을 들이길 원한다면 가장 먼저 나쁜 습관에서 벗어나게 해야 한다.

잘 알다시피 좋은 습관은 우리의 노력과 인내를 요구한다. 반면 나쁜 습관은 쾌감을 주는 일이 많기 때문에 별다른 노력 없이 쉽게 자기 것으로 만들어버린다. 육신의 나태함, 얕은 쾌락, 세속적 욕망을 채워주기 때문이다. 간단한 것 같지만 우리를 자주 좌절감에 빠지게 하는 예를 살펴보자. "아침에 일찍 일어나서 운동하고 공부를 하겠다"고 결심했다면 먼저 늦잠 자는 나쁜 습관을 없애야 한다. 이때 늦잠을 자지 않으려면 당연히 밤에 일찍 자는 습관을 들여야 한다. 늦게 자면 일찍 일어나기 어렵다는 사실은 다들 경험해서 알고 있을 것이다. 간단한 사례지만 이처럼 좋은 습관과 나쁜 습관은 서로 연결되어 있는 경우가 많다. 비슷한 예로 지각하는 습관은 시간을 대하는 자세의 문제라고 할 수 있다. 따라서 시간을 준비성 있게 잘 관리하는 습관을 기른다면 지각하는 나쁜 습관은 고칠 수 있다.

♦ 인생을 망치는 여덟 가지 습관

《격몽요결》은 율곡 선생이 어린이 교육을 위해 쓴 책으로, 직접 쓴 서문을 보면 그 의도를 알 수 있다.

> 내가 해주 산남에서 거처를 정하고 있었을 때, 한두 사람의 학도가 늘 따라와 학문에 대해 물었다. 그러나 나는 그들의 스승이 될 수 없음을 부끄럽게 여기고, 처음 학문을 배우는 사람이 나아갈 방향을 알지 못하고 또 굳은 뜻이 없어서 민망하고 어색했다. 그들이 더 가르쳐줄 것을 청하면 피차에 도움이 되지 않았고, 오히려 남의 비방을 사지 않을까 두려웠다. 그래서 간략하게 한 권의 책을 써서 뜻을 세우고, 몸을 삼가고, 부모를 봉양하고, 사물을 대하는 방법을 대강 서술하여 책

이름을 《격몽요결》이라 정하고, 배우는 학생들이 이것을 보고 마음을 씻고 자리를 잡아서 그날로부터 공부에 매진하도록 했다. 나 또한 오래된 나쁜 습관을 버리지 못함을 걱정하여 이것으로써 스스로 경계하고 반성하고자 한다.

이 글에서 탁월한 경지에 이른 사람의 겸손을 볼 수 있다. 비록 높은 학문적 성취를 이루었지만, 어린 학생을 가르쳐 본 경험이 없어 서툴렀다는 것을 가감 없이 기록하고 있다. 그리고 자신이 직접 쓴 글을 통해 스스로 나쁜 습관을 버리고 반성하는 계기로 삼고자 했다. 율곡 선생의 이 자세는 "가르침은 배움의 반이다(효학반斅學半)"라는 학문의 중요한 원칙을 잘 드러내 보여준다.

이 책은 10개 장으로 구성되어 있다. 첫 번째 장은 '입지立志', 즉 학문에 뜻을 세우는 것이다. 두 번째 장은 '혁구습革舊習'으로, 배움과 인생의 굴레가 되는 나쁜 습관을 버리는 것이 중요하다는 사실을 말해준다. 이외에도 율곡 선생은 인생을 망치는 습관으로 모두 여덟 가지를 말한다.

첫째, 놀 생각만 하는 습관. 몸가짐을 함부로 하고 편안하기만을 바란다.

둘째, 하루를 허비하는 습관. 돌아다니며 노는 것만 생각하고 헛되이 하루하루를 보낸다.

셋째, 자기와 같은 생각을 하는 사람만 좋아하는 습관. 타성에 젖어 같은 부류에 속한 사람하고만 어울린다.

넷째, 올바르지 않은 방법을 통해 자신을 과시하려고 하는 습관. 다른 사람의 글을 표절하거나 알맹이 없는 글로 남들의 칭찬을 바란다.

다섯째, 풍류를 즐기며 인생을 낭비하는 습관. 술과 방탕한 음악으로 소일하면서 스스로 깨끗한 운치가 있다고 생각한다.

여섯째, 비슷한 사람끼리 모여 놀면서 세월을 보내는 습관. 배불리 먹기만 좋아하고 오락을 즐기고 걸핏하면 다툼을 일삼는다.

일곱째, 가난을 부끄러워하면서 노력하지 않는 습관. 부귀한 것을 부러워할 뿐 아무 일도 하지 않은 채 처지만 비관한다.

여덟째, 즐기고 싶은 욕망을 억누르지 못하고 탐닉하는 습관. 재물과 여색을 탐하는 데만 열중하며 올바른 마음을 갖지 못한다.

율곡 선생이 말한 여덟 가지 습관은 아이가 아닌 성인이 가진 습관에 더 가깝다. 그러나 근본을 보면 나이에 상관없이 적용된다는 것을 알 수 있다. 충실한 삶을 살지 못하고, 오직 흥청망청 놀며 세월을 낭비하는 습관인 것이다. 선생은 이들 나쁜 습관을 잘라내고 버려야 새롭게 자신을 혁신할 수 있다고 하면서 "단칼에 자르듯 뿌리째 뽑아야 한다(여장일도 쾌단근주 如將一刀 快斷根柱)"라고 그 방법까지 일러준다.

♦ 무의식적인 행동의 의미

차일피일 미루지 말고 바로 오늘, 조금씩이 아니라 단번에 나쁜 습관은 버려야 한다. "내일부터…" "이번만 하고…" 등은 부모에게 자녀들이 가장 많이 하는 말일 것이다. 그러나 이처럼 미루기만 한다면 나쁜 습관을 잘라내고 그 빈자리를 좋은 습관으로 채우는 일이 갈수록 어려워진다.

흔히 습관을 '계속 반복하면서 별다른 노력 없이 무의식적으로 하는 행동'이라고 알고 있다. 그러나 습관에는 그것보다 더 깊은 의미가 있다. 그것은 바로 습관을 통해 그 사람의 가치관과 추구하는 삶의 의미가 드러난다는 것이다. 평상시 살아가는 모습을 보면 그 사람의 미래를 어느 정도 짐작할 수 있다. 심지어 그 사람이 성공한 삶을 살 것인지, 실패한 삶을 살 것인지 예측할 수 있다. 그것을 드러내 보여주는 것이 바로 그 사람이 무의식중에 행하는 습관이다. 결국 습관은 한 사람의 인생관과 가치관, 자존감 등 모두를 집약한 인격을 나타낸다.

♦ 여장일도 쾌단근주 프로젝트

자녀의 나쁜 습관을 고치기 위해서는 가족 전체가 힘을 합쳐야 한다. 나쁜 습관은 자연히 만들어진 것이 아니라 대부분 자신을 둘러싼 환경에서 영향을 받아 굳어진 것이다. 가정도 예외가 아니다. 따라서 나쁜 습관 고치기를 가족의 공통 과제로 삼고 함께 고쳐 나가야 한다. 그 시작은 부모도 나쁜 습관이 있음을 솔직하게 인정하는 데서부터 출발하는 것이 좋다. 《격몽요결》의 서문에서 퇴계가 자신의 나쁜 습관을 솔직히 인정했던 것처럼 부모가 자신의 나쁜 습관을 인정함으로써 먼저 본을 보이는 것이다. 그리고 어떻게 고쳐 나갈지 계획과 각오를 함께 나누면 된다. 자녀에게 부모 또한 방관자나 비판자가 아니라 나쁜 습관을 함께 고쳐 나가는 동반자라는 생각을 갖도록 해야 한다. 부모의 이런 모습을 보고 자녀는 습관의 중요성을 충분히 공감하게 되고, 나쁜 습관을 고치는 데 적극 참여하게 된다.

온 가족이 함께하는 '여장일도 쾌단근주 프로젝트'는 선의의 경쟁을 하며, 서로 격려하면서 가정을 화목하게 만드는 지름길이다. 자녀를 비롯해 온 가족의 미래를 밝힐 수 있는 중요한 노력이다.

받아들이는 자세를 알려줘야 한다

그리스 철학자 탈레스는 "세상에서 가장 쉬운 일은 남에게 충고하는 일이고, 가장 어려운 일은 자기 자신을 아는 일이다"라고 말했다. 이 말은 동양의 고전《도덕경》에 나오는 "다른 사람을 아는 것은 지혜이고 나 자신을 아는 것은 명철함이다(지인자지 자지자명知人者知 自知者明)"라는 글과 깊은 연관이 있다. 다른 사람을 아는 것은 지혜로 가능하지만, 자신을 아는 것은 본성과 마음에 대한 밝음, 즉 명철함이 필요하다.

명明은 자신을 사심 없이 객관적으로 바라볼 수 있는 능력이다. 장점뿐 아니라 부족한 점, 고쳐야 할 점을 알기에 날마다 반성하며 고쳐 나갈 수 있는 것이다. 따라서 이런 사람은 함부로 남에게 충고하지 않는다. 자신이 부족하다는 사실을 알기에 다른 사람을 평가하고 그들에게 충고하는 것이 부끄러운 일임을 잘 알기 때문이다. 따라서 탈레스가 한 말을 이렇게 변주해 볼 수 있다.

"자기 자신을 아는 사람은 남에게 함부로 충고하지 않는다."

♦ 충고는 조심스럽고 정성스럽게

동양의 여러 고전에 보면 충고에 대한 가르침이 실려 있다. 충고는 그만큼 쉽지 않은 일이고, 반드시 조심스럽게 행해야 할 일이다. 그리고 상대를 위하는 진심이 담겨 있어야 한다.

"친구 간에는 간곡하게 선을 실천하고 악을 멀리하도록 권한다(붕우절절시시朋友切切偲偲)."

《논어》에 나오는 이 글은 제자 자로子路가 선비의 자격을 묻자 공자가 답해준 말이다. 여기서 절절切切은 간절한 마음을 뜻하고, 시시偲偲는 바른길을 가도록 권하고 격려하는 것이다. 즉 충고는 상대를 위하는 마음으로 절실하게 권해야 한다. 바둑이나 장기의 훈수를 두듯 툭 던지는 말은 진정한 충고가 될 수 없다. 오히려 상대에게 상처를 주고 관계가 깨어지는 원인이 될 수 있다. 다음 글은 《근사록》에서 정자程子가 말한 것으로, 충고할 때 취해야 할 방법을 일러준다.

"함께 있으면서 상대의 잘못을 충고하지 않는 것은 충실하지 않은 것이다. 서로 진실한 마음으로 교제하면 말하기 전에 그 마음이 전해져서 말을 하면 상대가 믿게 된다. 그리고 선한 일을 권할 때도 정성은 남음이 있고 말은 부족하게 해야 상대에게 유익하고 내게는 충고를 무시당하는 욕됨이 없다."

진실한 친구라면 상대의 잘못이나 결점에 대해 입을 다물어서는 안 된다. 충고가 어렵다고 해서 아예 하지 않는다면 무관심이나 방관이 되기 때문이다. 그러나 충고할 때는 반드시 조심스럽고 정성스럽게 해야 한다. 모든 정성을 기울이되, 말은 최대한 조심해야 하는 것이다.

♦ "너 자신을 알라"

충고에 대해 좋은 방법을 일러주는 말들이지만 이런 가르침에서는 반드시 행간에 담긴 뜻을 헤아릴 수 있어야 한다. 진심으로 충고하고자 한다면 진심 어린 충고를 받아들일 수 있는 마음의 자세도 가져야 한다. 흔히 자신의 충고는 진심이니까 잘 받아주기를 바라면서, 정작 다른 사람이 자신에게 하는 충고는 아무리 좋은 말이어도 쉽게 받아들이지 못하는 경우가 많다. 자존심이나 열등감이 작용하기 때문이다. 충고를 받아들이면 자기 잘못을 인정하는 것으로 여겨지기 쉽고, 상대방이 나보다 더 낫다는 열등감이 작용하기도 하는 것이다. 《초한지》에 실린 고사가 이를 잘 말해준다.

항우와 천하쟁패전을 벌이던 유방劉邦은 함양에 먼저 입성했다. 화려한 궁전과 진귀한 보물, 아름다운 여인들에 취한 유방은 그곳에 머물러 있기를 원했다. 그때 신하 번쾌樊噲가 충언을 올린다.

“주군께서 화려한 궁전에 취해 이곳에 머물러 계신다면 그동안 피땀 흘려 이룩한 공로가 수포로 돌아갑니다. 천하 대권을 포기하실 셈입니까?”

유방은 번쾌의 말이 탐탁지 않았다. 치열한 전쟁에 지친 몸과 마음이 안락함과 화려함의 유혹을 뿌리치기는 어려웠기 때문이다.

그러자 책사 장량張良이 다시 말한다.

“원래 충언은 귀에 거슬리나 행동에는 이롭고, 좋은 약은 입에 쓰나 병에는 이로운 법입니다. 부디 번쾌의 진언을 따르시기 바랍니다.”

장량의 말을 듣고 정신을 차린 유방은 미련을 떨치고 궁을 벗어날 수 있었다. 만약 유방이 그곳에 계속 머물러 있었다면 압도적인 병력을 가진 항우에게 패망했을 것이고, 우리가 아는 역사는 바뀌었을지도 모른다. 유방은 이처럼 부하의 말에 귀를 기울일 줄 아는 겸손한 마음과 경청하는 습관을 가졌기에 독단적인 성품의 항우를 이길 수 있었다.

소크라테스는 소위 아테네의 지식인들에게 “너 자신을 알라”고 외치며 다녔다. 그만큼 자기 자신을 제대로 알기가 어렵다는 점을 깨우쳐주고자 한 것이다.

사실 진정 어린 충고를 거절한다면 자신에게 큰 손실이 생긴다.

자기 자신을 아는 것이 어렵기에 자신도 모르는 많은 약점이 있을 수밖에 없다. 또한 그 약점을 안다고 해도 솔직하게 인정하기는 어렵다. 자존심이나 자만심, 교만, 편견, 열등감 등이 작용해서다. 이때 필요한 것이 자신을 진심으로 위하는 사람의 충고다. 항상 곁에서 보고 느끼기에 약점이나 부족한 점을 제대로 볼 수 있기 때문이다. 이것이 절친한 친구를 '나를 잘 아는 존재', 지기知己라고 부르는 이유다.

♦ 잔소리가 아닌 훈육이 필요할 때

어린 자녀의 경우 다른 사람에게 충고하는 것도, 충고를 받아들이는 것도 쉬운 일이 아니다. 겸손한 태도와 열린 마음을 갖는다는 것이 쉽지 않은 일이기 때문이다. 감정이 상할 수도 있고, 자신이 부족하다는 열등감에 사로잡힐 수도 있다. 오죽하면 역사적인 영웅도 충고를 받아들이는 것을 어려워했겠는가. 그때 필요한 가르침이 《소학》에 실려 있다.

> 자로는 남들이 잘못을 지적해주는 것을 좋아했기 때문에 영예로운 이름이 길이 전해졌다. 오늘날의 사람들은 자신에게 잘못이 있어도 남들이 충고해주는 것을 좋아하지 않는다. 마치 병을 숨긴 채 의사를 싫어해 몸이 죽게 되더라도 깨닫지 못하는 것과 같다.

자로는 한량 출신이었지만 이런 장점을 가졌기에 공자의 훌륭한 제자로 성장할 수 있었다. 그리고 공자의 뛰어난 제자 열 명을 꼽는 공문십철孔門十哲 가운데 한 명이 되었다.

귀에 달콤한 말이 아니라 귀에 거슬리더라도 자신을 위하는 진심 어린 충고를 기꺼이 받아들이도록 가르쳐야 한다. 좋은 충고를 받아들이는 것은 한 단계 성장하는 밑거름이 된다. 이런 이치를 깨닫고 실천한다면 자녀들은 크게 성장할 수 있는 든든한 기반을 갖춘 셈이다.

개입보다 자율, 집착보다 기대

"빨리 성과를 내기 위해 욕심부리지 말고 작은 이익에 마음을 빼앗기지 마라. 빨리 성과를 보고자 하면 도달할 수 없고, 작은 이익에 마음을 빼앗기면 큰일을 이룰 수 없다."

《논어》〈자로〉에 나오는 고사로, 자하子夏가 거보의 읍재邑宰, 한 고을을 다스리는 사람가 되어 정치에 대해 물었을 때 공자가 한 대답이다. 문장과 학문에 뛰어난 자하는 공문십철 가운데 한 사람이다. 무려 3,000명에 달하는 제자들 가운데 가장 뛰어난 제자로 손꼽힐 정도니 학문에 있어 최상의 경지에 이르렀다고 할 수 있다. 그러나 아무리 뛰어난 사람이라고 해도 부족한 점이 있기 마련이다.

자하는 학문이 뛰어난 반면에 성향이 진취적이지 못하고 소극적이었다. 널리 알려진 '과유불급過猶不及, 지나침은 미치지 못함과 같다'의 고사에서 불급, 즉 '미치지 못함'에 해당하는 제자가 바로 자하다. 요즘으로 치면 공부만 잘하는 꽁생원 같은 사람이라고 할 수 있다. 공자는 제자의 이런 점을 안타까워하여 "너는 군자 같은 선비가 되어야지, 소인 같은 선비가 되어서는 안 된다"라고 꾸짖는다. 군자가 되기 위해 수양하고 공부하는 제자에게 뼈아픈 지적이 아닐 수 없다. 그러나 자하는 스승의 이런 가르침을 잘 따르고 배워서 가장 뛰어난 제자들 가운데 한 사람이 되었다.

♦ 작은 이익을 탐하면 일을 망치기 쉽다

앞에 나온 고사에서 공자는 자하에게 가장 적합한 가르침을 주고 있다. 자하는 거보의 읍재라는 관직에 나서면서 고을을 잘 다스리고 싶다는 생각에 의욕이 충만했을 것이다. 백성을 잘살게 하고 좋은 정치를 한다는 칭찬도 듣고 싶었을 것이다. 물론 자하의 욕심은 좋은 의도에서 비롯된 것이었다.

그러나 어떤 일이든 빠른 결과를 원하면 마음이 조급해지기 마련이다. 조급하고 초조한 마음이 들면 무리하게 진행하거나 정도에서 벗어나게 되어 오히려 일은 더 늦어지고 만다. 여기에다 다른 사람과 비교하는 마음이 생기면 더욱 그렇다. 앞서고 싶은 마음에 곁눈질을 하면 자신의 길을 꿋꿋하게 걸어갈 수 없다.

작은 이익을 탐하는 것도 일을 망치는 원인이 된다. 큰 것을 놓치게 되고, 원대한 계획을 세울 수 없다. 크고 위대한 일은 그에 걸맞은 시간과 노력이 필요한 법이다. 바로 '대기만성大器晩成'의 성어가 말해주는 바와 같다. 노력 없이 성과를 내려고 하면 큰 그릇을 만들 수 없고, 눈앞의 이익에 연연해하다 보면 아무리 크고 원대한 계획을 세웠어도 끝까지 밀고 나갈 수 없다.

♦ 대기만성형 인물

대기만성은 《도덕경》 41장에 실려 있는데, 원문으로 문장 전체를 보면 '대방무우大方無隅, 대기만성大器晩成, 대음희성大音希聲, 대상무형大象無形'이다. "큰 네모는 모서리가 없고, 큰 그릇은 늦게 이뤄지고, 큰 소리는 듣기 어렵고, 큰 형상은 모양이 없다"로 해석되는데, '도'에 대해 노자가 한 말이다. 도는 크고 무한하기에 그 실체를 가늠하기가 어렵다는 것이다. 이 구절에서 가장 널리 알려진 성어는 '대기만성'으로, 큰 그릇이 늦게 이루어지므로 큰 인물이 되기 위해서는 그만큼 많은 시간과 노력이 필요하다는 의미로 쓰인다.

특히 대기만성은 큰 인물이 어떻게 탄생하게 됐는지를 보여주기 위해 많이 인용된다. 《후한서》의 마원馬援이 대표적 인물이다. 마원은 전국시대 조나라의 명장군 조사를 조상으로 둔 명문가의 자손이었다. 그러나 조상들이 역모에 연루되어 집안이 몰락했고, 마원도 어린 시절 큰 고난을 겪게 되었다. 열두 살에 고아가 된 마원이 생계를 위해 목동이 되려고 작별을 고하자 형 마황은 이렇게 충고했다.

"비록 지금의 상황이 어렵긴 하지만 너는 나중에 크게 될 '대기만성형' 인물이다. 많은 경험을 쌓으면 나라에서 크게 쓸 재목이 될 것이니 네 앞날은 네가 잘 알아서 하라."

훗날 마원은 형의 기대를 저버리지 않고 나라의 중책을 맡은 인물이 됐다. 당시 나라에 위협이 됐던 강족의 침입을 격퇴하고 '교지부족의 난'을 평정하는 등 공을 세워 명장군으로 인정받았다.

제아무리 어려운 상황에 처했다고 해도 '대기만성'의 이상을 마음에 품고 있다면 결국 위대한 일을 이루게 된다. 마원이 당장의 어려움에 짓눌려 꿈을 포기했거나, 생활고에 지쳐 자신의 삶을 살아내기 급급했다면 후한의 명장군으로 이름을 남기지 못했을 것이다.

♦ 근본을 익히는 공부

이런 이치는 공부에서도 마찬가지다. 당장 무언가를 보여주기 위해 조급해할 필요는 없다. 눈앞의 성적에 초조해할 것도 없다. 먼저 바탕을 단단히 다지는 것에서부터 시작해야 한다.

다산은 아들 학연에게 과거시험의 시를 가르칠 때 가장 먼저 한나라와 위나라의 옛 시부터 익히게 했다. 그다음 탁월한 시인인 소동

파蘇東坡와 황산곡黃山谷의 시를 가르쳤다. 과거시험에서 작성해야 하는 시의 작법이나 요령을 가르치기보다 시의 근본을 가르친 것이다.

이것은 오늘날의 상황에서 보면, 논술시험을 잘 보게 하는 방법에 해당한다. 논술시험을 잘 보게 하려면 먼저 폭넓은 독서가 선행되어야 한다. 그리고 평소 말과 글로 자신의 생각을 논리적으로 발표하는 훈련이 필요하다. 이런 바탕이 다져지면 논술학원에서 배우는 속성 과정이 필요하지 않다.

또한 근본을 다지는 것의 이점은 시험장에 그치지 않는다는 데 있다. 굳게 바탕을 다진 글쓰기 실력은 사회에 진출해서도 유용하게 사용된다. 직장생활을 할 때 보고서 작성 능력과 발표 능력의 든든한 기반이 되는 것이다.

♦ 눈앞의 성과에 조급해하지 마라

어떤 일이든 눈앞의 성과에 일희일비하는 것은 긴 미래를 위해 바람직하지 않다. 중요한 것은 지금의 내가 아니라 미래의 나다. 더 나은 미래를 위해 해야 할 일은 그곳을 향해 포기하지 않고 꾸준히 걸어가는 것이다. 자녀의 미래를 바라보는 부모도 긴 안목으로 기다릴 수 있어야 한다. 부모가 작은 욕심에 휩쓸리고, 눈앞의 성과에 조급해지면 아이를 다그치게 된다. 당장 받아오는 성적표를 보고 일희일비하면 아이까지 조급하고 초조하게 만들고 만다. 아이에게 중요한 것은 당장의 성적이 아니라 올바른 삶의 자세를 만들어주는 것이다. 그리고 아이의 속에 감춰진 채 아직 드러나지 않은 무한한 잠재력을 함께 찾아 나가는 것이다.

노자가 말했던 '대기만성'의 진정한 뜻은 "큰 그릇은 그 크기가 무한하므로 완성될 수 없다"이다. 따라서 진정한 큰 그릇이 되려면 항상 진행형이 되어야 한다. 지금 상태가 어떻든 큰 그릇이 되기 위해 노력하는 사람, 이런 사람이 바로 큰 그릇이며 대기만성의 인물이다.

자녀들은 지금은 작을지 모르지만 하루하루 성장하는 그릇이다. 크기가 어떨지, 미래가 어떻게 될지 그 가능성은 누구도 가늠할 수 없다. 개입이 아닌 자율로, 조급함이 아닌 여유로운 마음으로, 집착보다는 기대로 바라볼 때 자녀가 이루어갈 미래가 보인다.

성적표가 알려주지 않는 공감 능력

"바탕이 겉모습을 넘어서면 촌스럽게 되고, 겉모습이 바탕을 넘어서면 형식적이 된다. 겉모습과 바탕이 잘 어울린 다음에야 군자답다(질승문즉야 문승질즉사 문질빈빈 연후군자質勝文則野 文勝質則史 文質彬彬 然後君子)."

《논어》〈옹야〉에 나오는 글로, 학문과 수양을 통해 내면을 잘 갖추었다면 그것에 그칠 것이 아니라 겉으로도 잘 표현할 수 있어야 한다는 공자의 가르침이다. 원문에서 질質은 학문과 수양을 통해 얻을 수 있는 내면의 충실함을 말한다. 즉 사람됨의 근본이라고 할 수 있다. 문文은 겉모습인데, 내면의 충실함이 겉으로 드러나는 것이다.

말과 행동, 태도, 삶의 자세 등을 가리키며, 대인관계에서는 상대방에 대한 배려와 예의라고 할 수 있다. 학문과 수양은 깊은데 그것이 겉으로 잘 표현되지 못한다면 거칠고 야만적으로 보일 수 있다. 반대로 내면은 잘 갖춰져 있지 않은데 겉만 번드르르한 사람은 가식적이고, 더 심해지면 위선이 된다.

♦ 내면과 외면의 균형 잡힌 성장

이 구절과 관련된 고사가 《논어》 〈안연〉에 실려 있다. 공자의 가르침을 받은 자공子貢이 위나라의 대부 극자성棘子成을 가르친 고사다.

> 극자성이 자공에게 "군자는 본래의 바탕만 갖추고 있으면 되지 겉모습을 꾸며서 무엇하겠습니까"라고 말했다. 그러자 자공이 "안타깝습니다. 선생이 그렇게 말하는 것을 보니 네 마리 말이 끄는 마차도 선생의 혀를 따르지는 못할 것입니다. 겉모습도 바탕만큼 중요하고, 바탕도 겉모습만큼 중요합니다. 호랑이와 표범의 털 없는 가죽은 개와 양의 털 없는 가죽과 같습니다"라고 대답했다.

이 고사에서 우리는 두 가지 통찰을 얻을 수 있다. 먼저 말의 신중함이다. 정확하게 알지 못하면 함부로 말해서는 안 된다. 그 당시 가장 빠른 운송기관은 말이 끄는 마차였다. 그러나 사람의 말言이 퍼져나가는 속도는 말이 끄는 마차보다 더 빠르다. 그만큼 빠르고, 당연히 주워 담을 수도 없기에 반드시 말은 신중하게 해야 한다.

또 한 가지, 사람들을 설득하려면 적절한 비유를 써서 해야 효과적이다. 자공은 말을 조심해야 한다는 가르침을 마차와 비유했고, 바탕과 겉모습이 모두 중요하다는 것은 동물들의 가죽과 털에 비유하고 있다. 여기서 호랑이와 표범은 맹수이다 보니 당연히 그 가죽도 소중하게 여겨진다. 그러나 그 가죽에 멋진 털이 없다면 가치가 떨어질 수밖에 없다. 흔한 개와 양의 가죽과 구별하기도 어렵다. 사람의 됨됨이도 마찬가지다. 사람이 탁월한 학식과 인격을 갖췄다면 겉으로 잘 표현할 수 있어야 한다. 그것을 감추거나 드러낼 줄 모른다면 사람들이 보기에는 평범한 사람과 다르지 않다.

이와 관련한 고사가 《장자》에도 실려 있는데, 어느 한쪽으로 치우친 공부를 한다면 성공은커녕 재앙을 당할 수도 있다는 것을 말해준다. 다음은 달인 전개지田開之가 주나라 위공에게 한 말이다.

"노나라 사람 선표는 산골에 숨어 살면서 세상 사람들과 이익을 꾀하지 않았습니다. 그는 나이 칠십이 되도록 얼굴빛이 어린애와 같았는데, 불행히도 호랑이에게 잡아먹히고 말았습니다. 또 장의는 분주히 다니면서 부를 꾀했지만 나이 사십에 열병에 걸려 죽었습니다. 선표는 안을 길렀지만 범은 바깥을 공격해 그를 먹어버렸고, 장의는 바깥을 길렀지만 병은 안을 공격했습니다. 두 사람 모두 그 무리에서 뒤처진 양을 바르게 채찍질하지 못했던 것입니다."

역설과 해학의 철학이 담긴 책이니만큼 그 내용이 신랄하면서도 재미있다. 내면과 외면의 균형 잡힌 삶을 살지 않으면 뒤처진 어느 한쪽 때문에 삶이 무너질 수도 있다는 것이다. 물론 이 우화는 우화답게 과장된 측면이 있긴 하지만 내면과 외면의 균형 잡힌 성장을 위해 노력해야 한다는 확실한 경각심을 일깨워준다.

♦ 이성과 감성이 조화를 이룬 사람

오늘날 우리 사회에 만연한 인맥주의와 외모지상주의는 외면에 치중하는 심각한 불균형을 보여준다. 물론 이런 외면적 노력이 필요하지 않다는 것은 아니다. 이런 점이 빛을 발하려면 탄탄한 실력과 반듯한 인성이 조화를 이루어야 한다. 마찬가지로 "실력만 있으면 그만이지!" "나만 충실하면 되지!" 하며 자신을 드러내기 위한 노력을 하지 않는 것도 바람직하지 않다. 충실한 내면과 탄탄한 실력을 갖췄다면 그것을 멋들어지게 표현할 줄도 알아야 한다.

이를 다른 관점에서 생각해 보면, 이성과 감성이 조화를 이룬 사람이 되어야 한다. 옳고 그름이 분명한 이성과 사람을 보듬을 수 있는 따뜻한 감성, 이 두 가지가 균형 있게 조화를 이루어야 우리가 원하는 최상의 가치를 만들 수 있다. 이성에만 치우친다면 지나치게 냉철한 사람이 되고, 감성적이기만 하면 우유부단한 사람이 될 수 있다. 또한 세상과 현상에 대한 분명한 주관, 즉 식견을 지닌 사람이 되어야 한다. 이런 자질을 고루 갖춘 사람을 통합적인 인재라고 한다. 《논어》 〈위정편〉에 나오는 '군자불기君子不器', 즉 "군자는 그릇이 아니다"라는 구절이 그것을 말해준다. 군자는 그릇처럼 한 가지 용도로만 쓰이는 편협한 사람이 아니라 폭넓은 식견과 다양한 재능을 갖춘 통합적인 인물이라는 것이다.

♦ 아이를 통합적인 인재로 키우려면…

우리 아이들의 교육과 비유하면 학교 성적은 외면을 가꾸는 것이고, 인성과 감성은 내면에 해당한다. 만약 학교 성적에만 치우치면 내면의 부족함, 즉 정서적으로 결핍을 가진 사람이 될 수도 있다. 물론 학교 공부는 열심히 해야 한다. 아이의 장래를 위해 필요하니까 말이다. 더불어 내면을 성장시키려는 노력을 병행해야 한다. 공부 때문에 여유가 없다는 핑계는 아이를 반쪽짜리로 키우게 하는 요인이 될 수도 있다.

물론 부모도 바쁘다. 그러나 자녀를 위해 투자하는 시간을 아낄 수는 없지 않은가. 아이와 함께 인문학 도서를 읽고, 음악을 비롯한 예술을 가까이하고, 자연을 체험하는 삶의 습관을 가져야 한다. 부모의 이런 노력이 쌓일 때 아이는 통합형 인재, 이성과 감성을 두루 갖춘 품격의 사람으로 자라날 수 있다.

아이의 건전한 욕심은 목표를 이루기 위한 동력이 된다

"마음을 수양하는 데 있어 욕심을 줄이는 것보다 좋은 것은 없다. 그 사람됨에 욕심이 적다면 본래의 마음을 보존하지 못하더라도 잃는 정도가 적다. 그 사람됨에 욕심이 많다면 본래의 마음을 보존하더라도 보존됨이 적다."

《맹자》〈진심하〉에 나오는 구절로, 여기서 본래의 마음은 하늘에서 부여한 선한 마음, 즉 양심을 말한다. 불쌍히 여기는 마음인 측은지심惻隱之心, 불의를 미워하는 수오지심羞惡之心, 상대를 배려하고 예의를 지키는 사양지심辭讓之心, 옳고 그름을 아는 시비지심是非之心 네 가지 마음이다. 이들 마음은 하늘에서 부여한 사람의 본성이라고 했다.

♦ 사람이 가진 네 가지 마음과 일곱 가지 감정

사람의 본성은 네 가지 선한 마음만 있는 것이 아니다. 희喜, 로怒, 애哀, 구懼, 애愛, 오惡, 욕欲의 일곱 가지 감정, 칠정七情도 있다. 맹자는 사람의 선한 마음을 보존하기 위한 핵심으로 칠정 가운데 욕심을 다스려야 한다고 말한다. 다음은 주자의 말이다.

"욕망은 입, 코, 귀, 눈과 사지가 원하는 바를 말한다. 이것이 사람에게 없을 수는 없지만 조절하지 않으면 본래의 선한 마음을 잃지 않을 자가 없다. 배우는 자는 마땅히 경계해야 한다."

주자는 욕심을 적절히 조절해야 한다고 했는데, 이보다 더 엄격하게 "욕심을 아예 없애야 한다"고 주장한 학자도 있다. 북송의 유교 사상가 주돈이周敦頤는 〈양심설〉에서 "마음을 길러냄은 욕심을 줄이는 데 그치는 것이 아니고, 욕심을 완전히 줄여 하나도 남겨두지 않는 것이다"라고 했다. 주자의 제자 진순陳淳을 따르던 엽채葉采도 "맹자의 '욕심 줄임'을 근본으로 삼으면 주돈이의 '욕심 없음'에 다다를 수 있다"라고 주돈이의 주장에 동조했다. 수양의 최고 경지로 '욕심 없음'에 이를 수 있어야 한다는 것이다.

그러나 이런 주장은 단지 유학자들의 이상理想에 그친 것으로 보인다. 그들이 삶의 목표로 삼아 추구할 수는 있겠지만, 현실적으로 일반 사람에게 그 목표를 적용하는 것은 불가능한 일이다. 사람이라면 누구나 욕심이 없을 수 없기 때문이다. 설사 성인이라고 해도 마찬가지다.

♦ 사람이 욕심이 없으면 버려진 물건과 같다

다산을 비롯한 조선의 학자들도 욕심을 없애는 경지에 들어야 한다는 것은 문제가 있다고 보았다. 특히 사람으로서 이목구비와 사지의 욕심이 없을 수가 없는데, 욕심을 완전히 없애는 단계로 나아가야 한다는 것은 실천 불가능한 요구라는 것이다. 다음은 다산의 말이다.

"몸이 존재하면 몸뚱이는 구차하게라도 따뜻하기를 구하지 않을 수 없고, 배는 구차하게라도 부르기를 구하지 않을 수 없고, 사지는 구차하게라도 편안하기를 구하지 않을 수 없다. 어떻게 욕심이 완전히 없을 수 있겠는가. 욕심을 줄이라는 맹자의 설이 실천할 만하다."

지나친 욕심을 줄여 나가기 위한 노력은 수양하는 사람으로서 당연한 일이지만, 육신의 욕구를 완전히 배제하는 것은 불가능하며 실천할 수도 없다는 것이다. 다산은 이에 그치지 않고 《심경밀험》에서 욕심의 기준을 제시한다. 욕심을 완전히 없애는 것은 불가능하지만 재물과 벼슬을 좇는 탐욕만은 없애야 한다는 것이다.

인간의 마음에는 본래 욕구의 단서가 있다. 만약 이 욕심이 없다면 세상만사에 대해 아무 일도 할 수 없다. 이익에 밝은 자는 욕심이 재물과 벼슬을 좇아가며, 의리에 밝은 사람은 욕심이 도의를 추구한다. 욕구가 극에 달하면 두 가지 모두 설사 몸이 죽더라도 후회하지 않는다. 탐욕스러운 사람은 재물을 위해 죽고, 열사는 명예를 위해 죽는다. 내가 일찍이 어떤 사람을 본 적이 있는데 마음이 담백하고 욕심이 없어 선을 행할 수도 없고, 악을 행할 수도 없었으며, 문장을 지을 수도 없었고, 생산 활동을 할 수도 없었다. 다만 세상에 하나 버려진 물건과 다름없으니, 사람이 어찌 욕망이 없을 수 있겠는가. 맹자가 가르친 것은 대개 재물과 벼슬의 욕망일 뿐이다.

다산은 욕망을 가지는 것은 사람으로서 당연하다고 강조한다. 만약 사람이 욕망이나 욕심이 없으면 생명 없는 허수아비처럼 아무런 일도 할 수 없다는 것이다. 그러나 재물과 벼슬 등 이익에 대한 욕망을 지나치게 추구해서는 안 된다고 밝히고 있다. 이런 욕심이 극에 달하면 목숨보다 더 소중하게 여길 수도 있다고 말한다. "부자가 되고 싶은가? 치욕을 참고, 목숨을 걸고, 친구를 버리고, 의로움을 버려라"라는 순자의 말이 핵심을 찌른다.

♦ 더 잘하고 싶고, 더 열심히 하고 싶은 마음

오늘날 부와 성공을 바라고 노력하는 것을 무조건 잘못되었다고 지탄할 수는 없다. 부자가 되고 싶고, 더 많은 물질을 갖고자 하는 것은 누구나 바라는 일이다. 다만 염두에 두어야 할 것이 있다. 오직 부와 성공을 위해 수단과 방법을 가리지 않는 탐욕을 부려서는 안 된다. 부와 성공만을 인생의 목표로 삼는데 그친다면 그것을 이룬 후 그 삶은 허무해질 수밖에 없다.

진정한 삶의 목표는 부와 성공 그 자체가 아니라 부와 성공을 이

뤄 어떤 일을 하는가다. 자신이 가진 것을 더 좋은 세상, 살기 좋고 아름다운 사회를 만드는 데 쓰는 것은 삶의 의미와 가치를 높이는 일이다. 또 한 가지 염두에 두어야 할 것은 아무런 노력도 하지 않으면서 얻기를 바라는 마음이다. 이처럼 불로소득을 바라는 사람은 도박과 같은 일에 빠지게 되고, 결국 인생을 망치게 된다.

성향에 따라 욕심이 많은 자녀도 있고, 욕심이 없는 담박한 성품의 자녀도 있다. 물론 그 자체가 옳고 그른 것은 아니다. 성향에 따라 바르게 이끌면 된다. 욕심이 지나치면 절제를 가르쳐야 하고, 욕심이 없으면 의욕을 북돋우면 된다. 어떤 성향이든 자녀에게 심어주어야 할 정신은 더 잘하고자 하는 욕심을 올바르게 승화시키는 것이다.

건전한 욕심은 목표를 이루기 위한 동력이 된다. 더 열심히 하고 싶고, 더 잘하고 싶고, 더 높은 이상을 추구하고 싶은 마음이 바로 건전한 욕심이다. 지금의 자신을 뛰어넘어 자신이 바라는 이상적인 사람이 되기 위한 욕심은 지나쳐도 괜찮다. 올바른 것을 구하고 그것을 위해 최선을 다하는 것, 반드시 지녀야 할 욕심이다.

"중간에 그만두지만 않으면 되고말고"

"노끈으로 나무를 자를 수 있고, 낙숫물이 댓돌을 뚫을 수 있다."

이는 《한서》《채근담》 등 고전에 실려 있는 성어로, "아무리 작은 것이라도 꾸준히 쌓아가면 엄청난 결과를 만들 수 있다"는 가르침을 준다. 먼저 《한서》에 실려 있는 고사를 보자.

장괴애張乖崖가 숭양현 현령을 지낼 때 관아의 창고지기가 돈 한 푼을 훔치는 현장을 잡았다. 장괴애가 장형杖刑, 죄인의 볼기를 큰 형장으로 치던 형벌에 처하자 창고지기는 "이까짓 동전 한 닢 때문에 어찌 매질을 하십니까!"라며 항변했다. 그러자 장괴애는 "비록 하루에 돈 한 푼이라 할지라도 천 날이면 천 푼이 된다. 이는 '노끈으로 나무를 자를 수 있고, 낙숫물이 댓돌을 뚫는다'는 말과 같다"라고 하며 그를 처벌했다.

"작은 잘못을 저지를 때 바로잡지 않으면 도덕적 불감증이 생겨 더 큰 잘못을 저지르게 된다"는 뜻으로, 우리 속담 "바늘 도둑이 소도둑이 된다"와 같은 의미다. 이 고사는 부정적 의미를 말하고 있지만, 긍정적 의미에서 생각해 볼 수도 있다. 작은 잘못이 쌓이면 큰 범죄가 될 수도 있지만, 적은 노력을 하루하루 꾸준히 하면 놀라운 결과를 만들어낼 수 있다.

《채근담》에도 실린 이 구절은 "노끈으로 톱질해도 나무를 자를 수 있고 물방울이 떨어져 돌에 구멍을 낼 수 있으니 도를 구하는 자는 모름지기 힘써 구하라"로 완성된다. 비록 하루하루 노력의 결과는 크지 않을지 모르지만, 그 노력이 오랫동안 쌓이면 엄청난 결과를 만들어낸다.

♦ 위대함을 이루는 비결

많은 고전에서 이런 꾸준함의 힘을 언급한 것은 공부를 비롯해 모든 인생사에서 위대함을 이룰 수 있는 가장 중요한 비결이기 때문이다. 《당서》에는 '마부작침磨斧作針'이라는 고사가 실려 있다.

당나라의 시인 이태백이 상의산에서 수업하던 중 싫증을 느껴 산을 내려오게 되었다. 한참 산을 내려왔을 때 한 노파가 냇가에서 도끼를 바위에 갈고 있는 모습을 보았다. 큰 도끼를 열심히 갈고 있는 모습을 보고 궁금해진 이태백이 "도대체 무엇을 하고 계시냐?"라고 묻자 노파는 "도끼를 갈아 바늘을 만들고 있다"라고 대답한다. 기가 막힌 이태백이 "도대체 그 도끼가 언제 바늘이 되겠느냐?"라고 물었다. 그러자 노파는 "아무렴, 중간에 그만두지만 않으면 되고말고"라고 단호하게 말한다. 확신에 찬 노파의 말을 듣고 자기 모습에 부끄러움을 느낀 이태백은 다시 산으로 돌아갔고, 이 배움을 교훈 삼아 열심히 공부한 결과 당대 최고의 시인이 될 수 있었다.

'우공이산愚公移山'이라는 고사도 있다.

옛날 중국의 북산北山에 우공이라는 90세 된 노인이 살고 있었는데, 그가 사는 마을은 태행산太行山과 왕옥산王屋山이라는 거대한 산에 가로막혀 있었다. 어느 날 우공이 아내와 자녀들을 모아 놓고 말했다.

"저 험한 산을 평평하게 하여 예주豫州의 남쪽까지 곧장 길을 내는 동시에 한수漢水의 남쪽까지 갈 수 있도록 하겠다."

가족 모두가 찬성했으나 그의 아내만이 반대하며 말했다.

"당신 힘으로는 조그만 언덕 하나 파헤치기도 어려운데, 어찌 이 큰 산을 깎아내려는 겁니까? 또한 파낸 흙은 어찌하렵니까?"

아내의 말에 우공은 이렇게 대답했다.

"흙은 발해渤海에다 버리겠다."

그때부터 세 아들은 물론 손자들까지 데리고 나와 산의 흙을 파고 나르기 시작했다. 그런 우공의 모습을 보고 황해 근처에 사는 지수라는 사람이 말했다.

"도대체 언제 그 산을 다 옮길 것인가."

지수의 비웃음에도 우공은 뜻을 굽히지 않고 다음과 같이 말했다.

"비록 내 앞날이 얼마 남지 않았으나 내가 죽으면 아들이 남을 테고, 아들은 손자를 낳고… 이렇게 자자손손 이어가면 언젠가는 반드시 저 산이 평평해질 날이 오지 않겠소."

우공의 무모한 도전을 지켜보던 두 산에 살던 사신蛇神들은 처음에 우공을 미련하다고 비웃었지만, 그의 집요한 모습에 위기감을 느끼게 된다. 그래서 자신들의 거처가 사라질 것을 염려하여 천제에게 산을 옮겨줄 것을 요청한다. 천제는 우공의 우직함에 감동하여 두 산 가운데 하나는 삭동朔東, 또 하나는 옹남雍南에 옮겨놓았다. 결국 우공의 이루어질 수 없을 것처럼 보이던 염원이 이루어졌다.

물론 이 고사를 듣고 중국 사람들의 허풍이라고 비웃을 수도 있다. 그러나 이 고사에 담긴 '쌓아올림'의 의미는 반드시 새겨 볼 만한 가치가 있다.

♦ 쌓아올림과 슬라이트 에지

영어 문화권의 '슬라이트 에지Slight Edge'도 같은 의미를 가진다. 위대한 일을 이룬 사람과 평범한 사람의 차이는 그 시작 단계에서 보면 '눈에 보이지도 않을 정도의 미세한 차이'에 불과하다는 말이다. 이 차이가 시간이 지나 쌓이고 쌓이면 나중에는 까마득히 벌어지고 만다. 이것을 보면 위대한 일을 이루는 것은 어렵지 않다. 처음 시작할 때부터 남들보다 조금만 더 잘하기 위해 노력하면 된다.

단지 염두에 두어야 할 점은 반드시 옳은 방향을 향해야 한다는 것이다. 앞서 소개한 고사처럼 잘못된 것을 쌓아 나가면 바늘 도둑이 소도둑이 되는 결과로 돌아온다. 그러나 마부작침과 우공이산의 고사처럼 올바른 방향으로 나아간다면 반드시 위대한 결과를 얻는 바탕이 될 것이다.

쌓아올림의 힘은 부모가 자녀와 함께 생각해야 할 가르침이다. 부모는 특히 자녀의 현재 상태만 보고 모든 것을 판단해서는 안 된다. 지금 부족하다고 해서 자녀를 다그친다면 긴 미래를 대비할 수 없다. 자녀와 부모는 함께 크고 먼 미래를 준비해야 한다. 조급해하지도, 초조해하지도 말고 꾸준히 노력을 쌓아간다면 반드시 좋은 결과로 돌아올 것이다.

"노력은 배신하지 않는다"는 말은 너무 들어서 식상할 수도 있지만 변하지 않는 진리다. 나는 이 글 앞에다 한 글자를 덧붙이고 싶다. 바로 '쌓아올리다'라는 단어다. 한 번의 이벤트가 아닌, 뜻하지 않은 행운이 아닌, 쌓아올린 노력이 인생을 결정한다.

중요한 것은 현재의 상태가 아니다. 포기하지 않고 얼마나 꾸준히 쌓아가느냐에 따라 미래가 결정된다. 지혜로운 부모는 아이의 지금 상태가 아니라 잠재력을 본다. 그리고 그 잠재력을 발굴하고 키워서 아이의 미래를 함께 만들어간다.

아이 스스로 멈추지 않으면 실패는 일어나지 않는다

'시종일관始終一貫'은 어떤 일이든 처음 시작할 때의 마음가짐을 끝마칠 때까지 유지할 수 있어야 한다는 말이다. 쉽게 지치고 빨리 포기하는 사람에게 주는 소중한 가르침이다. 처음에는 누구나 새로운 마음으로 일을 시작한다. 그러나 일하다 보면 수많은 장애를 만나게 되고, 어려움을 겪게 되면서 포기하기에 이른다. 장애물을 만나서가 아니라 자기 스스로 포기하는 경우도 많다. 일에 지루함을 느끼거나 자신이 목표하는 바를 도저히 자기 힘으로 이룰 수 없다고 생각하는 것이다. 시작할 때는 쉽게 이룰 것 같았지만 막상 해보니 '내 힘만으로는 벅차다'라는 생각이 들어 포기하고 만다. 《논어》 〈자한〉에는 이런 시작과 끝의 의미에 대한 가르침을 주는 글이 실려 있다. 공자가 했던 말이다.

"비유하자면 산을 쌓다가 한 삼태기의 흙이 모자란 상태에서 그만두어도 내가 그만둔 것이고, 평지에 한 삼태기의 흙을 갖다 부어도 내가 나아간 것이다."

이 글에서 가장 먼저 새겨야 하는 가르침은 일의 모든 결과가 자신에게 달려 있다는 것이다. 일을 시작하는 것도, 끝내는 것도 마찬가지다. 단 한 번의 마무리가 부족해서 큰일이 성사되지 않을 수도 있고, 비록 작은 일이라도 첫걸음을 뗀다면 의미 있는 일이 될 수도 있다. 두 가지 모두 자신의 결정이다.

♦ 일을 이루는 첫걸음, 일단 시작하라

무언가 일을 이루려면 반드시 두 가지 전제가 있다. 일을 시작해야 하고, 일을 이룰 때까지 멈추지 않아야 한다. 먼저 시작의 지혜다. 제아무리 위대한 일이라도 그 시작은 미미할 수밖에 없다. 산을 쌓겠다고 각오했다면 반드시 삽으로 흙을 뜨는 것에서 시작해야 한다.

"곧게 뻗은 아름드리나무도 털끝 같은 씨앗에서 나오고, 높은 누대도 한 무더기 흙을 쌓는 데서 시작되고, 천릿길도 한 걸음에서 시작된다."

《도덕경》 64장에 실려 있는 글이다. 제아무리 큰일도 그 시작은 미약할 수밖에 없다. 그런데 시작이 미약하다고 해서 시작조차 하지 않는다면 그 어떤 일도 일어나지 않는다. 흔히 사람들은 크고 위대한 일이 시작부터 남다를 거라고 생각하지만, 그 어떤 일도 처음부터 위대한 것은 없다.

시작을 주저하는 또 한 가지 이유는 그 반대되는 경우다. 일이 너무 크고 어려워서 지레 포기하는 것이다. 공자는 제자 염유冉有가 "스승님의 도를 좋아하기는 하지만 제 능력이 부족합니다"라고 말하자 "능력이 부족한 자는 도중에 그만두는데, 너는 미리 선을 긋고 물러나 있구나" 하고 꾸짖었다. 도전해 보지도 않고 스스로 포기하는 제자를 안타까워한 것이다. 훗날 염유는 그 당시 노나라의 최고 실권자 계씨를 위해 백성들을 수탈하다가 공자에게 파문을 당하고 만다. 일을 시작해 보지도 않고 지레 포기하는 사람은 일을 쉽게 이룰 수 있는 편법을 찾기 마련이고, 많은 노력과 땀을 필요로 하는 큰일을 이룰 수 없다.

♦ 일을 이루는 두 번째 걸음, 멈추지 말라

일을 이루는 다음 조건은 끝날 때까지 멈추지 않는 것이다. 어떤 일이든지 쉽게 이루어지는 법은 없다. 쉽게 이루어진다면 그 일은 큰 가치가 없는 일일지도 모른다. 순자는 "중간에 그만두지 않으면 쇠와 돌에도 무늬를 새길 수 있다"라고 했다. 이 말은 맹자와 순자의 고사에서 비롯되었다.

맹자는 순자에게 이런 가르침을 준 적이 있다. "어떤 일이든 끝까지 한 우물을 파야 한다. 파고 또 파도 샘물이 나오지 않는다고 중간에 포기하면 그때까지의 노력이 물거품이 되고 만다." 중도에 포기하지 말고 끝까지 노력하라는 가르침을 받은 순자는 포기하지 않고 계속하는 것에 큰 가치를 부여하며 이렇게 덧붙였다. "반걸음, 반걸음 쉬지 않고 걸어가면 절름발이도 천 리를 갈 수 있고, 한 줌의 흙이라도 끊임없이 쌓으면 언덕을 만들 수 있다."

순자는 이런 정신으로 정진한 결과 춘추시대 말기 최고 학자가 될 수 있었다. 제나라의 국립대학 격인 직하학궁의 좨주오늘날의 대학 총장를 세 번이나 역임했고, 진나라의 천하 통일을 이루는 데 결정적 역할을 했던 한비자와 이사 등 뛰어난 제자도 키워냈다. 한비자는 난세의 군주가 갖춰야 할 통치의 모든 것을 담은《한비자》로 천하 통일의 사상적 기반을 제공했고, 이사는 진시황을 도와 직접 천하 통일을 이루었다.

♦ 일의 시작과 끝을 아이가 결정하도록 해야

중간에 그만두지 않고 끝까지 한다면 어떤 일이든 이룰 수 있다. 그 일을 스스로 포기하지 않는다면 실패는 일어나지 않는다. 다산이 18년 귀양살이 동안 무려 500여 권에 달하는《여유당전서》를 완성한 것이 이런 이치를 잘 말해준다. 최고 명문가에서 집안이 몰락해 폐족이 되었던 상황도, 귀양지라는 척박한 환경도, 중풍과 여러 질병에 시달리는 고통 가운데서도 집필을 쉬지 않았기에 위대한 결과를 만들어낼 수 있었다. 〈두 아들에게 보여주는 가계〉에서 다산은 이렇게 가르친다.

> 나는 임술년 봄부터 곧 저술하는 것을 업으로 삼아 붓과 벼루만을 곁에다 두고 아침부터 저녁까지 쉬지 않았다. 그 결과 왼쪽 어깨에 마비 증상이 나타나 마침내 폐인의 지경에 이르고, 눈이 어두워져 안경을 쓰지 않으면 보이지도 않는다. 이렇게 한 것은 무엇 때문이겠느냐?

다산은 중풍으로 몸이 마비되고 복숭아 뼈에 구멍이 뚫리고 이가 몇 개씩이나 빠지는 상황에서도 붓을 놓지 않았다. 그 결과 위대한 민족의 유산인 《여유당전서》를 완성할 수 있었다. 자기가 이루고자 하는 이상을 정하고, 그 길을 향해 과감하게 나아가고, 어떤 어려움이 있어도 끝까지 포기하지 않는다면 반드시 꿈은 이루어진다.

매사에 쉽게 시작하지만 마무리를 제대로 짓지 못하는 자녀가 있고, 시작하기가 두려워서 항상 움츠러드는 아이도 있다. 마무리를 짓지 못하는 사람은 끈기와 의지가 부족한 것이고, 시작이 두려운 사람은 용기와 결단력이 부족한 것이다. 물론 자녀가 과감하게 시작도 잘하고 끝까지 마무리를 잘한다면 그것처럼 좋은 일은 없겠지만, 처음부터 모든 것을 갖춘 자녀는 없다. 당연히 잘하는 것이 있으면 못하는 것도 있는 법이다. 단지 필요한 것은 시작하는 것도 자신이고, 끝내는 것도 자신이라는 시작과 끝의 의미를 체득하게 하는 것이다.

"아무리 좋은 꿈이 있어도 시작하지 않으면 이룰 수 없다. 중간에 포기해도 마찬가지다. 이루고 싶은 꿈이 소중하다면 과감하게 시작하고, 끝까지 포기하지 않아야 한다!"

Part 3

학學 고古 창創 신新

과거를 배우는 아이가 미래를 창조한다

아이가 가진 습득 본능을 일깨워라

《논어》〈옹야〉에서 공자는 "아는 것은 좋아하는 것만 못하고 좋아하는 것은 즐기는 것만 못하다(지지자불여호지자 호지자불여락지자知之者不如好之者 好之者不如樂之者)"라고 말했다. 아는 것知과 좋아하는 것好, 즐기는 것樂은 별로 연관성이 없는 단어라고 할 수 있다. 그러나 공부라는 관점에서 보면 이들 단어는 서로 깊은 연관성을 지닌다. 단순히 아는 것보다 그것을 좋아하는 것이 더 낫고, 좋아하는 것보다 즐겁게 하는 것이 훨씬 더 낫다.

오늘날 우리 현실에서 보면 공부는 지식의 습득, 즉 아는 것에 그친다. 학교에서도 마찬가지고, 가정에서의 교육도 다르지 않다. 그리고 학교를 벗어나 직장과 사회에서 성공하기 위해 노력하는 공부도 비슷하다. 공부는 지식을 머리에 집어넣는 것이라는 고정관념에 사로잡혀 밤을 새우며 책을 읽고 지식을 암기한다. '공부는 즐기는 것'이라는 공부의 진정한 의미에서 생각해 본다면 우리는 모두 '아는 것', 즉 시작 단계에 머물러 있다.

어릴 때부터 목줄에 매여 지낸 서커스단의 코끼리는 자라서도 얼마든지 끊을 수 있는 얇은 목줄에서 벗어나지 못한다고 한다. 스스로 벗어날 수 없다고 각인시켜 놓은 제약에서 벗어나지 못하는 것이다. 우리가 가진 공부에 대한 고정관념이 이와 같을지도 모른다. 그러나 이제 과감히 벗어나야 한다.

♦ 공부가 즐거움이 되는 경지

공자는《논어》의 첫머리 글을 통해 자신이 생각하는 바를 일러준다.

"배우고 때때로 그것을 익히면 또한 기쁘지 않은가! 벗이 먼 곳에서 찾아오면 또한 즐겁지 않은가! 남이 알아주지 않아도 성내지 않는다면 또한 군자답지 않은가!"

이 글에서 공자는 자신을 즐겁게 하는 세 가지에 대해 이야기한다. 공부, 벗과의 교제, 자신을 낮출 줄 아는 겸손이 바로 그것이다. 비록 학문과 수양에서 최고 단계에 이르렀지만 다른 사람이 알아주지 않아도 괜찮다고 말한다. 물론 남이 알아주고 높여주면 그처럼 좋은 일이 없겠지만, 굳이 다른 사람이 알아주지 않는다고 해도 자신의 성장과 발전을 생각한다면 배움은 충분히 즐거울 수 있음을 알기 때문이다.

다산은《논어고금주》에서 이 문장의 원문인 '학이시습지불역열호學而時習之不亦說乎'를 "학學은 가르침을 받는 것이고, 습習은 학업을 익히는 것이다. 시습時習은 수시로 익히는 것이며, 열說은 마음이 쾌快, 즐겁고 통쾌함한 것이다"라고 해석했다. 이 말은 공부의 본질이 무엇인지 잘 알려준다. 특히 다산은 단어 열을《주역》〈쾌괘夬卦〉에서 쾌의 뜻으로 보았다. "둑을 터서 물이 잘 흐르게 한다"라는 뜻인데, 오늘날 '장애물이 제거되다'는 말이 여기서 파생되었다. 막힌 물이 잘 흐르고, 장애물이 사라질 때 느끼는 감정이 바로 공부의 즐거움인 것이다.

새로운 것을 알고, 그것을 자기 삶에 적용한다는 공부의 의미를 제대로 알면 공부 자체가 통쾌해질 수 있다. 그러면 당연히 공부하는 시간이 즐겁고 기다려질 수밖에 없다.

공자는 자신을 일컬어 "공부에 분발하면 먹는 것도 잊고, 즐거워서 시름도 잊으며, 늙음이 이르는 것도 알지 못한다"고 했다. 평생에 걸쳐 공부를 계속했지만 어떤 목적을 이루기 위한 것이 아니라 공부 그 자체가 좋아서 시간 가는 줄도 모르고 했다는 것이다. 이것을 한마디로 표현하면 '공부가 곧 삶이고, 삶이 곧 공부가 되는 경지'다. 아는 것과 좋아하는 것을 넘어 공부와 덕을 쌓는 일, 그 자체가 삶이 될 때 가장 높은 경지에 이를 수 있다는 통찰이다. 앞서 말한 '공부가 즐거움이 되는 경지'다.

♦ 뇌가 주는 상, 쾌락보수물질

오늘날의 관점에서도 이런 지혜는 그대로 적용된다. 현대 뇌과학에서 우리 뇌는 뭔가를 달성할 때 즐거움을 느낀다고 한다. 그리고 그 즐거움을 유지하기 위해 도파민, 세라토닌 등의 물질을 방출하는데, 이것이 쾌락보수물질이다. 우리 뇌가 스스로에게 큰 상을 내리는 것이다.

이런 과정이 반복되면서 공부의 즐거움을 알게 되고, 공부가 습관이 된다. 이는 공부가 본업인 학생 시절에만 한정되는 말이 아니다. 오히려 학교를 벗어나 사회생활을 할 때 더욱 필요하다. 일상의 삶에서 항상 넘치는 호기심을 갖고 주위를 둘러보며 세상의 숨겨진 비밀을 알아가는 것, 이것이 삶을 풍족하고 행복하게 만들어준다.

서양에서도 공부의 어원은 한가함, 휴식이다. 결국 공부의 근본은 '치열함'이 아닌 '여유와 휴식'이라고 할 수 있다. 그러나 오늘날 학교에 다니면서 공부의 이런 법칙을 따르는 건 어려운 일이다. 안타깝게도 부모로 말미암아 아이들이 여유와 휴식을 누리지 못할 수도 있는데, 이를 두고 부모나 학교를 탓할 수만은 없다. 당면한 성적이나 시험에서 자유로울 수 있는 사람이 없으니 말이다.

그러나 자녀들은 매여 하는 공부의 굴레에서 벗어나게 해야 한다. 공부가 주는 통쾌함과 즐거움, 휴식과 여유의 비결을 잘 활용한다면 짧은 시간에 놀라운 성과를 거둘 수 있다. 공부하는 시간은 줄어들고, 얻는 것이 더 많아지게 된다. 무엇보다도 공부하는 시간이 즐겁기에 계속하고 싶은 마음이 커진다. 책상을 떠나려고 하지 않는 자녀에게 "좀 쉬었다가 해"라고 말리는 모습을 상상해 보라. 이 얼마나 통쾌한 상상인가!

♦ 읽는 부모, 배우는 아이

이런 원리는 아이들보다 부모가 먼저 알고 적용할 수 있어야 한다. 부모가 생활에서 공부의 즐거움을 알고, 공부를 습관처럼 하게 될 때 아이들은 부모의 모습을 보고 배운다. 자연스럽게 공부의 즐거움을 알게 되는 것이다. 그리고 자신 속에 있는 배움의 본능, 아주 어릴 때부터 가졌던 진정한 지식 습득의 즐거움을 깨우치게 된다.

말을 시작하기 위한 옹알이, 신체적 발달을 위한 걸음마, 엄마와 함께 즐겁게 익혀 나갔던 말공부와 글공부. 하나하나 깨우쳐 갈 때마다 아이와 부모 모두에게 무한한 즐거움을 안겨주었던 것이 공부다. 이처럼 자신에게 내재해 있던 공부의 진정한 본능이 깨어나면 강요하지 않아도, 무거운 의무감을 심어주지 않아도 아이는 자연히 책상 앞에 앉게 된다. 부모나 선생님에게 보여주기 위함이 아니라 자신의 즐거움을 위해 습관처럼 책을 잡게 되는 것이다.

조용한 저녁 시간에 부모와 자녀가 함께 책을 읽고 공부하는 가정을 상상해 보라. 얼마나 보기 좋은 모습인가. 상상만으로도 행복할 것이다. 공부가 얽어매는 굴레가 아니라 자발적 동기가 되면 즐거움이 넘치는 가정이 될 수 있다. 공부의 즐거움을 빨리 찾고 터득할수록 행복한 삶이 된다.

하나를 배워 셋을 아는 고전의 지혜

'온고이지신溫故而知新'은 "옛것을 익혀 새로운 것을 안다"는 뜻으로, 흔히 전통 보존이나 고전 공부의 중요성을 강조할 때 쓰인다. 그러나 "옛것을 익혀 새로운 것을 안다"라는 뜻이 무엇을 말하는지 모호한 것도 사실이다. 《논어》〈위정〉에 실린 전문을 보면 정확한 뜻에 가까이 갈 수 있다.

"옛것을 익혀 새로운 것을 알면 스승이 될 만하다."

춘추시대 제자백가의 하나였던 묵가墨家는 공자로 상징되던 유가儒家에 대해 "옛것을 따르기만 하지 새롭게 만들지는 않는다"라고 비판했다. 공자는 그 비판에 이 한마디로 간결하게 대응했다. 자신은 옛것을 아무 생각 없이 따르기만 하는 것이 아니라 새로운 것을 알기 위해 옛것을 열심히 배운다는 것이다. 그렇다면 온고이지신에서 말하는 스승이 될 수 있는 자격은 무엇일까?

♦ 생각하는 공부

옛날에 배웠던 것을 그대로 가르치는 타성에 젖은 가르침으로는 자신은 물론이고 제자도 옛날의 지식을 답습할 뿐이다. 진정한 스승이라면 단순히 옛 지식이 아닌, 그 지식을 기반으로 새로운 것을 깨우칠 수 있어야 한다. 새롭게 등장하는 지식에 대해 민감해야 하고, 열심히 배워서 익혀야 한다. 그리고 자신이 가르치는 학생에게 전해야 한다. 이 말은 급격한 변화의 시대, 날마다 새로운 학문이 등장하는 오늘날에 더욱 절실한 가르침이라고 할 수 있다.

여기서는 선생의 자격을 말한 것이지만 배우는 학생도 마찬가지다. 배우는 것에 그칠 것이 아니라 그것을 기반으로 새것을 알아야 한다. 이를 통해 보면 이 성어는 배움의 자세, 즉 배웠다면 그것을 응용해 새로운 것을 아는 창의성을 가져야 한다는 뜻이라고 할 수 있다.《논어》〈술이〉에 실린 글이 그것을 잘 말해준다.

"한 모퉁이를 들어 보였을 때 나머지 세 모퉁이를 미루어 알지 못하면 반복해서 가르쳐주지 않는다."

하나를 배워 새로운 세 가지를 알아야 배우는 사람의 자격이 있다는 것이다. 그렇게 하려면 지식을 단순히 머릿속에 넣는 것이 아니라 생각하고 응용하고 경험함으로써 자신만의 것으로 만들어야 한다. 그래야 쓸 수 있는 지식이 되고, 옛글에서 새로운 것을 찾을 수 있는 공부가 된다. 바로 생각하는 공부, 창의적인 배움의 자세다. 만약 그것을 할 수 없다면 배움의 자격이 없는 것이므로 더는 가르치지 않겠다는 엄중한 경고다.

♦ 빌 게이츠와 스티브 잡스가 인문학에 집중하는 이유

오늘날은 창의와 혁신의 시대로 정의될 수 있다. 또한 학문과 학문이 결합하여 새로운 것을 만들어내는 융합의 시대다. 이런 시대에 가장 필요한 공부 자세를 고전이 말해주고 있다. 이것이 바로 오늘날에도 고전을 공부해야 하는 절실한 이유다.

놀랍게도 고전은 창의의 원천이 되며, 현대의 최첨단 학문과 결합하여 남들이 알지 못하는 새로운 것을 만들어내는 바탕이 된다. 이는 최첨단을 달리는 기업의 창업자들이 어린 시절 고전에 심취했던 것에서 잘 알 수 있다. 애플과 페이스북, 마이크로소프트의 창업자들은 모두 인문고전을 좋아했고, 그 책의 내용으로 미래의 기반을 닦았다. 우리나라 삼성의 창업자 이병철 회장도 기업경영에 필요한 책으로《논어》를 꼽았다. 이처럼 인문고전이 놀라운 일을 만들 수 있는 것은 무엇 때문일까? 인문고전에는 어떤 힘이 있는 것일까?

♦ 정답이 아니라 해답을 얻는 과정

먼저 인문고전은 '사람에 대한 공부'다. 인문학人文學의 한자에서 문文은 글이나 문자에 그치지 않고 무늬라는 뜻도 있다. 사람이 만든 무늬, 즉 사람이 만들어 온 문화와 문명을 공부하고 명확하게 이해하는 것이 인문학이다.

그리고 무엇보다도 사람 그 자체, 사람의 본성에 대한 이해와 사람이 지켜야 할 도리를 아는 것이 인문학이다. 사람을 알고, 사람이 만들어 온 문화와 문명을 깊이 이해하면 사람의 마음을 움직이는 힘을 가질 수 있다. 당연히 남다른 결과도 만들어낼 수 있다.

인문고전은 생각의 힘도 길러준다. 오늘날의 많은 학문은 정답을 찾는 학문이다. 정해져 있는 답을 찾기에 생각을 확장할 수가 없다. 반면 인문고전은 정답이 아니라 해답을 찾는 학문이다. 똑같은 문제라고 해도 사람마다 다른 답을 찾을 수 있고, 어느 것도 틀렸다고 말할 수 없다. 자신에게 가장 잘 맞는 것이 문제의 해답이며, 자신에게는 그것이 정답이기 때문이다. 이런 해답을 찾는 과정이 바로 인문학이므로, 인문학을 공부하는 사람은 남다른 생각의 힘을 가지게 된다.

또 한 가지 인문학의 강점은 오늘날이 융합의 시대인 데서 찾을 수 있다. 학문과 학문, 이론과 이론이 결합하여 새로운 것을 만드는 것이 바로 융합이다. 인문학은 사람에 대한 학문이므로 그 어떤 학문과도 융합되기에 적합하다.

세계적인 미래학자 대니얼 핑크는 "후기정보화시대에 성공을 꿈꾸는 사람은 다양하고 독립된 분야 사이의 관계를 이해해야 한다. 뭔가 새로운 것을 만들어내려면 연관성이 없어 보이는 요소들을 연결하는 방법을 알아야 한다"고 말했다. 이 말에서 우리는 첨단기술과 인문고전이 합쳐져 혁신적 결과를 만들어내는 실마리를 찾을 수 있다. 가장 이질적인 요소들의 결합이기 때문이다.

♦ 부모가 먼저 인문학적 습관을 들여야

우리 자녀들이 어릴 때부터 인문고전을 공부해야 하는 이유가 바로 여기에 있다. 생각의 폭이 넓어지고 남다른 창의적 생각을 할 수 있는 능력을 키워준다. 그에 그치지 않고 사람과의 관계, 말하는 법, 일의 지혜, 공부하는 지혜, 부자가 되기 위한 지혜 등 오늘날 중요시하는 지혜를 모두 고전에서 발견할 수 있다. 오히려 더 깊이 있고 품격 있게 담겨 있다.

부모는 자녀의 앞날을 밝히는 길잡이가 되는 인문고전을 어린 시절부터 접하게 해야 한다. 그러기 위해서는 부모가 먼저 인문학을 공부하고, 인문학적인 삶을 살아야 한다. 단순히 인문학 책을 읽는 데 그칠 것이 아니라 '다르게 생각하기' '질문하기' '연결하기' '성찰하기' 등 인문학적인 삶의 습관을 들여야 한다. 아이들에게 심어주어야 할 정신도 그것이다.

이런 관점으로 아이를 교육할 때 아이의 창의력과 잠재력이 살아난다. 눈앞의 성적에 매달리는 것이 아니라 미래를 내다볼 수 있다. 더 멀리 볼 수 있고, 다양한 길이 열리고, 미래가 밝아진다. 그 바탕이 바로 '온고이지신', 하나를 배워 셋을 아는 고전의 지혜다.

자신을 위해 공부하는 아이 VS 남을 위해 공부하는 아이

유교의 핵심 덕목인 인의예지仁義禮智는 인仁으로 귀결된다. 인, 즉 '사랑'이 모든 덕목을 아우른다. 순서도 인, 의, 예, 지다. 지가 맨 마지막인데, 먼저 인의예를 근본으로 한 이후 지혜를 더해야 진정한 배움이 된다. 여기서 '의'는 옳고 그름에 대해 분명한 주관을 갖는 것이다. '예'는 예의로, 사람과의 관계에서 지켜야 할 도리다. 상대방을 배려하고 존중하는 태도를 몸에 익히는 것을 말한다. 이렇듯 사람의 도리를 먼저 갖춘 다음 배움으로 뒷받침해야 한다. 《논어》〈학이〉에 실린 글이 그 뜻을 쉽게 풀이해준다.

"공부하는 사람은 집에 들어와서는 어버이를 섬기고, 집을 나가서는 어른을 공경하며, 말과 행동을 삼가고 신의를 지키며, 널리 사람을 사랑하고 인한 사람과 친하게 지내되, 행하고도 남은 힘이 있으면 그때 학문을 닦는다."

먼저 올바른 사람이 되고 나서 공부로 뒷받침해야 한다는 글의 내용을 정자程子는 이렇게 풀이했다.

"배우는 자로서 직분을 다하고 여력이 있으면 글을 배울 것이니, 그 직분을 닦지 않고 글을 먼저하는 것은 위기의 학문(위기지학爲己之學)이 아니다."

여기서 위기의 학문은 "옛날 학자들은 자신을 위한 공부를 하고, 오늘날의 학자들은 남을 위한 공부를 한다"라는 《논어》 〈헌문〉의 유명한 구절이다.

♦ 배우는 목표를 어디에 둘 것인가

공자보다 이전의 학자들이 했다는 위기의 학문은 '자신을 위한 공부'라는 뜻으로 스스로의 수양과 발전을 목표로 한다. 그에 대치되는 것은 남을 위한 학문(위인지학爲人之學)이다. 남에게 보이고 과시하기 위한 공부라고 말할 수 있다. 남을 위한 공부를 하는 사람은 오직 자신의 성공과 출세를 위해 공부한다. 그래서 이런 사람은 일단 성공을 손에 쥐게 되면 더는 공부하지 않는다. 성공과 출세가 목표이기에 더 공부할 필요를 느끼지 못하는 것이다.

그러나 자신을 위한 공부를 하는 사람은 어떤 자리에 오르든 상관없이 공부를 멈추지 않는다. 어제보다 더 나은 나, 오늘보다 더 나은 미래를 추구하기 때문이다. 진정한 공부의 의미라고 할 수 있다. 《안씨가훈》에는 이와 연관해 쉽게 풀이한 글이 실려 있다.

학문은 다만 유익함을 얻으려는 데 목적이 있다. 그런데 수십 권의 책을 읽었다는 사람을 보면 스스로 기고만장해서 선배들을 업신여기고 동료들을 깔본다. 이런 이유로 사람들은 그를 원수같이 미워하고, 올빼미처럼 싫어한다. 이와 같이 학문을 해서 스스로를 해친다면 배우지 않느니만 못하다.

올바른 사람의 도리를 갖추지 않고 지식만 더하면 교만해진다. 지식을 뽐내고 자기 자신을 내세우는 데만 열중한다. 이런 태도는 결국 사람과의 관계를 해치게 되는데, 대인관계가 원만치 못하면 자신의 앞날에도 해를 끼치게 되어 차라리 배우지 않느니만 못하다는 통렬한 지적이다. 《안씨가훈》에는 이와 연관된 글이 계속 나오는데, 다음 글은 앞서 말한 해석보다 한 걸음 더 나아간다.

옛날 학자들은 자신을 위해 공부했으므로, 학문을 통해 자신의 부족한 점을 보충했다. 지금의 학자들은 남을 위해 공부하므로, 다만 남에게 과시하기 위한 것이다. 옛날 학자들에게 남을 위한 공부는 바른 도리를 실천하여 세상 사람을 이롭게 하고자 함이다. 지금 학자들이 자신을 위한 학문을 하는 것은 수신하여 출세하겠다는 뜻이다. 학문은 나무를 심는 것과 같아서 봄에는 그 꽃을 구경하고, 가을에는 그 열매를 거둔다. 강론講論하거나 문장을 짓는 것은 봄의 꽃과 같으며, 인격을 연마하여 행실을 바르게 하는 것은 가을의 열매와 같다.

안지추는 먼저 위기지학과 위인지학의 공부에 대해 자신이 생각하는 바를 말한다. 그의 해석에 따르면 위기지학은 자신의 수양을 위한 공부이고, 위인지학은 다른 사람을 이롭게 하는 공부다. 그래서 이 둘은 모두 유익하다. 단지 옛날 학자들은 이 뜻을 바르게 알고 실천했지만, 오늘날의 학자들은 반대로 받아들인다는 것이다. 결국 공부 자체에는 옳고 그름이 없지만, 공부하는 사람의 마음에 따라 그 의미가 달라진다.

♦ 꽃을 피우는 데 그치지 말고 열매를 맺어야 한다

여기서 학문을 나무 심는 것에 비유했는데, 상당히 공감이 간다. 아름다운 문장을 짓고, 남을 가르치는 것은 배움을 통해 얻을 수 있는 아름다운 꽃과 같다. 이렇게 연마한 인격으로 다른 사람과 세상을 이롭게 하는 것은 배움의 열매다. 단지 눈으로 보는 꽃에 그치는 것이 아니라 풍성한 열매를 맺어야 세상에 이롭다.

그러나 오늘날 우리 세태의 공부는 꽃에 그치는 경우가 많다. 공부를 최우선으로 강조하며, 공부를 잘하면 다른 것에 대해 너그럽다.

물론 어릴 때부터 치열하게 경쟁해야 하는 것이 현실이다 보니 성적과 시험에서 누구도 자유로울 수 없다. 눈앞의 시험이 앞날을 좌우하기 때문이다.

성인이 되어서도 마찬가지다. 치열한 경쟁에서 살아남으려면 반드시 지식이라는 무기가 있어야 한다. 이런 현실에 눈을 감으라고 한다면 공감하고 따를 사람이 없을지도 모른다. 그럼에도 반드시 새겨야 할 것이 있다. 공부에 있어 열매를 맺는 단계까지 나아가야 한다는 것이다. 바른 인격과 가치관으로 세상을 이롭게 하는 결실을 맺어야 한다.

♦ 아이를 똑똑한 악인으로 키우지 마라

〈학이〉에 실린 글을 유심히 살펴보면 지식을 쌓는 공부를 아예 하지 말라는 뜻이 아니다. 단지 그보다 먼저 사람됨의 근본을 바로 세우라고 말한다. 사람됨의 근본을 바로 세우는 공부가 선행되지 않는다면 공부를 바르게 실천하기가 어렵다. 성공을 위해 수단과 방법을 가리지 않게 되고, 도덕성 없는 냉혹한 지식인이 될 수 있다. 소위 말하는 똑똑한 악인이 될 수도 있는 것이다.

명성과실名聲過實, 명성은 높으나 실속 없는 사람이 바로 이들이다. 그럴듯한 겉모습과 높은 명성으로 한때를 풍미하지만 이들의 결말은 허망하다. 머지않아 실속 없는 내면이 드러나기 때문이다. 진정한 공부는 삶에서 배움을 실천하는 것이다. 그리고 실천을 통해 배우는 것이다. 자녀에게 지식을 머릿속에 넣는 공부를 가르치기 전 가장 먼저 심어주어야 할 소중한 지혜다.

공자는 열다섯 살 때 학문에 뜻을 두었다고 했다. 그전에 공부를 하지 않았다는 것이 아니라 공부를 통해 어떤 사람이 될지, 세상에서 어떤 일을 할지를 그 나이에 분명히 했던 것이다. 오늘날로 치면 열다섯 살의 나이는 고등학교에 진학할 나이이다. 이 나이가 되면 무작정 공부하는 데서 탈피해야 한다. 공부를 통해 무엇을 하고, 어떻게 실천할지를 분명히 한 다음 자신의 꿈과 이상을 설정해야 한다. 바로 자기 인생의 근본을 세우는 것이다.

지식은 배움으로 얻지만, 근본은 지식으로 얻을 수 없다. 먼저 뚜렷한 주관과 올바른 가치관을 세워야 한다. 이것이 바로 근본이다. 근본이 바로 선 사람은 자연스럽게 삶에서 실천한다.

아이 인생에 꼭 필요한 도구

다산은 조선 최고의 실학자답게 '선경후사실용先經後史實用'의 공부를 강조했다. 아들들에게 먼저 경전과 역사를 공부하고, 그다음 실용 학문으로 뒷받침해야 한다고 가르쳤다. 그는 그 이유를 이렇게 말한다.

"먼저 경학으로 기초를 세운 뒤에 앞 시대의 역사를 섭렵해서 그 득실得失, 얻음과 잃음과 치란治亂, 잘 다스려진 세상과 어지러운 세상의 근원根源을 알아야 한다. 또한 모름지기 실용 학문에 힘을 쏟아 옛사람이 경제에 대해 쓴 글을 즐겨 읽어야 한다. 언제나 만백성을 이롭게 하고 만물을 길러내겠다는 마음을 지닌 후에야 비로소 군자가 될 수 있는 법이다."

♦ 옳고 그름을 분별하는 힘

경학으로 기초를 세운다는 것은 사람됨의 공부다. 자신을 바로 세우고, 옳고 그름에 대한 분별력을 갖는 것이 바로 경전이 주는 힘이다. 이를 통해 자신의 가치관을 세우고, 세상과 사람을 바르게 보는 힘을 기를 수 있다. 그다음 역사는 세상사의 이치를 읽는 공부다. 인류 역사를 통해 오늘을 읽어내고 미래를 예측하는 통찰력을 기를 수 있다.

이런 기반을 다진 다음에 빠뜨리지 말아야 할 것은 지식과 능력을 세상에 펼칠 실용 학문이다. 모든 공부는 자신은 물론 세상에 도움이 되어야 한다. 다산은 단순히 글을 읽고 배우는 데 그치는 공부는 진정한 공부가 아니라고 말한다. 반드시 세상을 다스리는 학문, 경세經世, 세상을 다스림에 뜻을 두지 않으면 안 된다고 강조했다. 그는 〈제자 정수칠에게 주는 글〉에서 이렇게 말한다.

"공자께서는 자로와 염구 등에게 늘 정치적인 일을 가지고 인품에 대해 논했고, 안연이 도를 물으면 반드시 나라를 다스리는 것으로 대답했으며, 각자의 뜻을 이야기하라고 할 때도 정사政事에서 대답을 구했다. 이를 통해 볼 때 공자의 도는 그 쓰임이 경세라는 것을 알 수 있다. 글줄에 매달리고 속세를 벗어났다고 자부하며 일을 이루는 것에 힘쓰지 않는 것은 공자의 도가 아니다."

공자의 가르침은 단순히 학문에 그치는 것이 아니었다. 그 학문을 통해 세상을 올바르게 다스릴 수 있어야 학문이 완성된다는 것이다. 공자는 그 수단으로 정치를 말했지만, 배움의 가치는 정치에 그치지 않는다. 어떤 분야든지 세상을 풍족하게 하는 것이 모두 포함된다. 농사는 물론 그 어떤 일을 하더라도 마찬가지다.

♦ 상황을 지배하는 법

다음은 《안씨가훈》에 실린 글이다.

> 사람은 세상을 살아가는 동안 반드시 할 일을 가져야 한다. 농부라면 농사짓는 법을 터득하고, 상인이라면 상품의 값을 매기고 흥정할 수 있어야 하며, 장인匠人이라면 기물을 정교하게 만들어야 하고, 무인이라면 활쏘기와 말타기에 익숙해야 하고, 선비라면 경서를 강론할 수 있어야 한다. (…) 독서를 하면 농부, 행상, 공인, 좌상坐商, 한곳에 가게를 내고 하는 장사, 하인, 노예, 어부, 도살업자, 목축업자에 이르기까지 모두 자기보다 더 나은 사람이 있어서 그들을 본보기로 삼을 수 있으니, 널리 배우고 탐구하면 그 어떤 일에도 불리하지 않을 것이다.

태어나서 어떤 일을 하더라도 자신의 일에 통달해야 하고, 좋은 결과를 내기 위해 최선을 다해야 한다. 그것을 위해 해야 할 일이 바로 공부다. 자신보다 더 뛰어난 사람의 지혜를 자신의 것으로 만들 수 있기 때문이다.《논어》〈위령공〉에는 이렇게 실려 있다.

"군자는 도를 추구하지 음식을 추구하지 않는다. 농사를 지어도 굶주림이 그 안에 있을 수 있지만, 배우면 녹봉이 그 안에 있다. 따라서 군자는 도를 걱정하지 가난을 걱정하지 않는다."

어려운 시절에는 농사를 지어도 걱정이 끊이지 않았다. 흉년이나 난리 등 상황에 지배를 받을 수밖에 없기 때문이다. 그러나 도를 추구하는 군자는 올바른 수양과 배움이 주는 지혜로 어떤 상황에서도 자신을 지킬 수 있다. 상황에 지배를 받는 것이 아니라 상황을 지배할 수 있기 때문이다. 자신을 둘러싼 어려움에 매몰되는 것이 아니라 그 상황을 읽고 적절히 대처한다면 어떤 어려움도 이겨낼 수 있다. 그런 힘을 주는 것이 바로 공부다. 이어서《안씨가훈》에는 이렇게 실려있다.

> 육경六經, 중국의 여섯 가지 경전의 요지를 이해하고, 백가百家, 많은 학자의 저술을 두루 읽는다면 비록 덕행을 향상시키거나 풍속을 순화시킬 수 없다고 하더라도, 이를 하나의 능력으로 삼아 자활의 밑천으로 삼을 수는 있다. 부모 형제도 언제까지나 의지할 수 없으며, 고향이나 조국도 늘 보호해줄 수 없다. 일단 떠도는 신세가 되면 자신을 비호하고 도와주는 사람도 없어 스스로 생활을 해결해 나갈 수밖에 없다. 속담에 "쌓아놓은 천만금의 재산이 변변치 못한 재능을 몸에 지닌 것만 못하다"라는 말이 있다. 그런데 쉬우면서도 귀중한 재능은 독서보다 더 나은 것이 없다. 어리석은 사람이나 지혜로운 사람을 막론하고 모두 뛰어난 인물을 알고자 하고, 참고할 만한 일을 알고자 한다. 그러나 책은 읽으려고 하지 않는다. 이는 배불리 먹으려고 하면서도 음식 만드는 일을 귀찮아 하고, 따뜻하기를 원하면서 옷 만들기를 게을리하는 것과 같다.

♦ 스스로를 보호하는 무기

안지추는 남북조시대 양나라의 귀족 가문에서 태어났지만 계속되는 반란에 휘말려 거의 평생 포로 생활을 해야 했다. 그래서 그는 아무리 훌륭한 집안이라고 해도 주어진 삶의 형편이 계속되지 않는다는 사실을 절실히 깨달았을 것이다. 다산도 마찬가지다. 다산은 훌륭한 사대부 집안의 자제이며 정조의 총애를 받는 고위공직자로서 누구나 부러워하는 삶을 살았다. 그러나 정조 사후 정쟁으로 말미암아 온 집안은 폐족이 되고, 기약할 수 없는 귀양을 떠나는 처지가 되었다. 이 두 사람에게 배움은 단순한 지식이 아니라 삶을 영위하기 위한 도구였다. 자신을 지키고 가족을 보호하기 위한 무기이자, 삶의 소명을 이루기 위한 바탕이 되어야 했다.

삶은 여지껏 경험해 보지 못한 일을 겪어야 하는 모험과도 같다. 배움은 이처럼 치열한 인생을 살아가기 위해 꼭 필요한 삶의 도구다. 그러므로 단지 부귀를 얻기 위한 수단이 아니라 어떤 상황에 처하든 이겨낼 수 있는 지혜가 되어야 한다. 부귀를 얻으면 그 부를 가치 있게 쓰는 지혜를, 곤궁에 처하면 그것을 이겨내는 지혜를 얻는 것이 배움의 진정한 의미다.

어릴 때부터 배움의 의미를 제대로 깨닫는다면 어떤 상황에서도 무너지지 않는다. 부귀를 누려도, 가난에 처해도 마찬가지다. 이것이 바로 자녀에게 줄 수 있는 가장 소중한 재산이자 가장 든든한 삶의 무기다.

독서 천재 다산 정약용의 '초서독서법'

사서삼경 가운데 하나인《중용》은 공자의 손자인 자사子思가 쓴 책이다. 유교의 정통성을 잇는 책으로, 옛 선비들의 최고 덕목인 중용에 대해 풀어놓았다.《중용》에는 이외에도 중용에 도달하기 위해 필요한 학문의 원칙이 담겨 있다. 여기에 실린 학문의 원칙 다섯 가지는 오늘날에도 적용할 수 있는 가장 중요한 핵심이다.

"널리 배우고, 자세히 묻고, 신중하게 생각하고, 밝게 변별하고, 독실하게 행한다." 원문은 박학博學, 심문審問, 신사愼思, 명변明辯, 독행篤行인데 정확한 뜻을 알려면 원문을 알아야 한다.

먼저 공부의 시작은 폭넓은 지식과 많은 견문을 쌓는 것이다. 그리고 모르는 것은 알 때까지 물어 확실히 아는 단계에 이를 수 있어야 한다. 안 것은 깊이 생각해 뜻을 새기고, 그것을 명쾌하게 표현할 수 있어야 하며, 생활에서 배움을 실천할 수 있어야 공부가 완성된다. 이런 과정을 통해 배운 바를 잘 드러내는 것이 바로 '말'이다.

♦ 아는 것의 양보다 질이 중요해

폭넓게 배운 것을 말하지 못하면 소용이 없고, 아는 것이 생각에만 그쳐서도 안 된다. 모르는 것을 묻는 것도, 명쾌하게 표현하는 것도, 실생활에 적용하는 것도 말의 능력에 해당한다.

한마디로 정리하면 "핵심을 말할 수 있어야 한다"는 것이다. 핵심을 찔러 말하지 못하면 중언부언하게 되고 지루한 사람이 되고 만다. 다음은《안씨가훈》에 실린 고사로, 핵심을 말하는 능력이 부족할 때 일어날 수 있는 일이다.

> 업하鄴下, 춘추시대 제나라의 읍의 속담에 "박사가 당나귀를 살 때 매매계약서를 석 장이나 썼는데도 아직 당나귀 려驢 자가 보이지 않는다"는 말이 있다. 만약 너희가 이런 사람을 선생으로 삼는다면 다른 사람까지 숨 막히게 만들 것이다. (…) 시간은 아까운 것, 흘러가는 물과 같다. 그러므로 요점만 살펴서 업적을 이루어야 한다. 살피는 것과 요점을 잡아내는 것을 함께 잘한다면 나는 더 이상 흠잡을 생각이 없다.

이 고사에서 박사는 많은 지식을 자랑하지만 정작 실생활에서는 쓸모가 없는 사람을 말한다. 당나귀를 사기 위한 계약서에 당나귀의 품종, 기원, 용도 등에 대해 자신이 아는 것을 자랑하느라 정작 무엇을 사고파는지에 대한 내용이 없다. 아는 것은 많지만 핵심을 잡아내지 못하는 사람인데, 오늘날에도 흔히 볼 수 있다. 실생활에서 이런 유형의 사람은 중요하지 않은 일에 매달려 논쟁을 쉬지 않는다. 자신이 아는 것을 과시하기에 바빠 학문의 진정한 이치를 깨닫지 못한다. 이런 사람들에게 들려주고 싶은 말이 《맹자》 〈이루하〉에 실려 있다.

"널리 배우고 자세히 말하는 것은 나중에 돌이켜 요점을 말하기 위함이다."

♦ 지루하지 않은 사람으로 키우는 것

폭넓게 공부하는 목적은 자신의 학문을 자랑하고자 함이 아니다. 학식을 자랑하는 데 목적을 둔다면 아는 바를 장황스레 늘어놓게 된다. 다양한 지식을 동원하고 화려한 말을 늘어놓지만 정작 중요한 말은 없다. 듣는 사람을 지루하게 만들 뿐이다.

하버드대학교의 교육 목표 가운데 하나는 '지루하지 않은 사람으로 키우는 것'이라고 한다. 오래전 맹자가 이것을 가르쳤다. 맹자에 따르면 폭넓은 공부는 바로 요점을 짚어 핵심을 말하기 위함이다. 폭넓은 공부와 다양한 경험을 바탕으로 말하고자 하는 것을 짧고 정확하게 말한다면 진정한 고수의 경지에 이른 것이다. 이것저것 둘러대며 말을 장황하게 늘어놓는 사람은 어설픈 지식에 갇힌 하수에 불과하다. 여기에 덧붙여 맹자는 말을 어떻게 해야 하는지도 알려준다.

"말이 알아듣기 쉽고 실생활에 가까우면서도 가리키는 바가 깊으면 그것이 좋은 말이고, 지키는 것이 요약되어 있으면서 베푸는 것이 넓으면 그것이 좋은 도다."

맹자가 가르쳐주는 말과 수양의 최고 경지다. 많은 공부를 바탕으로 핵심을 짚고 그것을 짧고 간략하게 말할 수 있는 것은 독서가 주는 힘이다. 독서는 세상의 지식을 전해주고, 간접 경험을 통해 많은 견문을 쌓게 해준다. 그 외에도 자신의 말에 근거와 신빙성을 더하는 논리력을 갖게 해준다. 세상의 모든 좋은 책에는 저자가 말하고자 하는 핵심으로 다가가기 위한 방법이 논리적으로 실려 있다. 이런 글을 읽게 되면 지식뿐 아니라 핵심을 얻고 그것을 표현하는 능력을 갖게 된다.

♦ 정확하게 알고 있으면 짧고 분명하게 말한다

다산은 이런 능력을 갖기 위한 독서법을 '초서독서법抄書讀書法'이라고 가르친다. 무턱대고 읽는 것이 아니라 자신이 읽는 것에서 핵심을 골라 적어두는 독서법이다. 다산은 아들에게 다음과 같이 가르쳤다.

"예전에 이미 학문의 요령에 대해 말했거늘, 네가 필시 이를 잊은

거로구나. 그렇지 않고서야 어찌 초서抄書, 책의 내용 가운데 중요한 부분의 효과를 의심해 이 같은 질문을 한단 말이냐. 무릇 한 권의 책을 얻더라도 내 학문에 보탬이 될 만한 것을 뽑아 기록하여 모으고, 그렇지 않은 것은 눈길도 주지 말아야 한다. 이렇게 한다면 비록 백 권의 책도 열흘 공부 거리에 지나지 않는다."

이렇게 하면 익숙해지기 전까지 독서 속도가 느릴 수밖에 없다. 그러나 조선의 독서 천재인 다산이 일러주는 방법이니만큼 다양한 이점이 있다. 먼저 초서독서법으로 얻은 지식은 쉽게 잊히지 않는다. 머릿속에 깊이 새겨져 오랫동안 사라지지 않는다. 또한 독서를 통해 꼭 알아야 할 핵심을 알게 된다. 당연히 이 독서법으로 공부한 사람은 시험에서도 좋은 결과를 얻는다. 시험은 핵심을 아느냐 모르느냐를 묻는 것이기 때문이다. 그다음으로 자신이 공부한 자료를 소중히 보존함으로써 언제든 찾아서 다시 공부할 수 있다. 학생이라면 중요한 복습의 자료가 되고, 어른이라면 후에 자신의 책을 쓰는 데 필요한 자료가 된다. 더디면서도 가장 빠른 독서, 독서의 지름길이라고 할 수 있다.

아이들은 머릿속의 지식을 정리해 말하는 것을 어려워한다. 아는 것이 많은 아이일수록 더 그렇다. 자기 생각을 간결하고 정확하게 핵심을 찔러 말할 수 있는 능력은 어릴 때부터 익혀두어야 한다. 이때 부모의 역할이 중요하다. 특별히 시간을 내어 가르치는 것도 중요하지만 일상 대화에서 요점을 말하도록 지도해야 한다. 일상이 가장 소중한 배움의 장소라고들 말하는데 여기서도 마찬가지다.

이것저것을 두루 아는 잡학사전 같은 사람이 아니라 핵심을 짚어 말할 수 있는 사람이 진정한 실력자다. 그 실력자를 키워내는 것이 바로 부모다.

“나무를 8시간 베어야 한다면 도끼를 가는 데 6시간을 쓰겠다”

“장인이 자신의 일을 잘하려면 반드시 먼저 연장부터 손질해야 한다. 어느 나라에 살든지 그 나라의 대부들 가운데 현명한 사람을 섬기고, 선비들 가운데 인한 사람을 벗으로 삼아야 한다.”

《논어》〈위령공〉에 나오는 자공과 공자의 대화로, ‘인仁’을 묻는 자공에게 공자가 한 대답이다. 공자는 제자들을 가르칠 때 언제나 제자의 수준과 적성에 맞춰 가르침을 주었다. 다양한 비유를 통해 알아듣기 쉽게 말해주는 경우도 많았다. 여기서도 마찬가지다. 공자는 군자의 최고 덕목인 인을 구하는 데 장인의 일하는 방법을 비유로 들어 말한다. 조금 어울리지 않는 것 같지만 세상일에 밝은 제자에게 인을 구하는 방법을 설명하는 데 가장 적절한 비유라고 생각했을 것이다.

♦ 링컨의 8시간 법칙

장인이 일을 잘하려면 가장 먼저 자신이 쓸 도구를 손질해야 한다. 목수는 톱과 대패를 잘 들게 해야 하고, 철공도 마찬가지다. 쇠를 두드리는 망치가 적합해야 철을 잘 벼릴 수 있다. 미국의 16대 대통령 링컨도 "나무를 8시간 베어야 한다면 도끼를 가는 데 6시간을 쓰겠다"라고 하며 같은 뜻의 말을 했다.

'8시간의 법칙'이라 불리는 링컨의 이 말은 우리에게 일하는 자세에 대해 소중한 지혜를 알려준다. 일하는 데 있어 효율성을 최대한으로 높이려면 철저한 준비가 필요하다. 조급한 마음에 날이 무딘 도끼로 무턱대고 도끼질부터 시작한다면 열 번이 아니라 백 번을 찍어도 나무는 넘어가지 않는다.

공자는 이 비유를 들며 학자들의 최고 덕목인 인을 추구하는 방법을 일러준다. 인의 경지에 도달하려면 반드시 공부를 통해 바탕을 튼튼하게 다져두어야 한다. 그리고 올바른 도덕성으로 자신의 중심을 바로 세워야 한다. 공자는 항상 '학문'과 '도덕성'이야말로 '인'의 경지에 도달하기 위한 가장 중요한 바탕이라고 강조했다. 그다음은 공자가 말했던 것처럼 현명한 사람을 모시고 일을 해야 하고, 인한 사람과 교제해야 한다.

앞선 예문에 나온 대부는 나라의 고위관직자를 말한다. 오늘날로 치면 장관급에 해당하는 사람이므로, 다양한 능력을 갖춘 사람이라고 할 수 있다. 그중에서도 현명한 사람을 선택해 섬기라는 것이다. 《순자》에 보면 "학문하는 방법으로 스승이 될 만한 사람을 가까이하는 것보다 더 좋은 것은 없다"라는 글이 실려 있다. 현명한 사람과 자주 접하다 보면 자신이 의식하지 않아도 자연스럽게 많은 것을 듣고 배울 수 있다. 이것은 배움뿐 아니라 삶의 모든 측면에서 통하는 지혜다.

그다음으로 공자가 말했던 선비는 벗을 말한다. 함께 배움의 길을 가고, 함께 수양하는 사람과 사귄다면 배움의 성취가 훨씬 빨라진다. 서로에게서 장점을 배우고, 부족한 점은 고쳐 나가고, 때로는 공정한 경쟁을 통해 함께 발전해 나가는 것이다. 이런 배움의 스승은 반드시 상관이나 벗에게만 국한되지 않는다. 책이나 경험을 통해서도 좋은 배움을 얻을 수 있다.

♦ 다산의 멘토, 퇴계 이황

'멘토'라는 단어를 들어봤을 것이다. 그리스 신화에서 오디세우스가 트로이 원정을 떠나며 아들을 맡겼던 지혜로운 노인에게서 비롯된 단어다. 요즘도 많이 쓰이는데, 사회적으로 명망 있는 사람은 멘토를 두고 있으며, 그에게 길을 묻고 자문을 구한다. 자신이 접한 적 없는 다양한 분야를 경험한 사람, 자신의 생각을 보완해주고 생각의 지경을 넓혀주는 사람, 자신의 미래에 대해 다양한 관점에서 길을 제시해주는 사람은 모두 멘토라고 할 수 있다.

다산은 존경하는 학자였던 퇴계 이황의《퇴계집》을 보고 많은 깨달음을 얻어《도산사숙록陶山私淑錄》을 썼다. 심지어 다산은 아침마다 그 책을 읽고 나서 일을 시작했을 정도였다. 좋은 가르침을 얻기 위해 하루도 빼놓지 않고 습관처럼 책을 읽었던 것이다.

"을묘년정조 19년, 1795년 겨울, 나는 금정金井에 있었다. 마침 이웃 사람을 통해《퇴계집》반 부를 얻었다. 매일 새벽에 일어나 세수를 마치고 나면 '퇴계가 어떤 사람에게 보낸 편지' 한 편씩을 읽고 나서야 아전들의 인사를 받았다. 낮에는 깨달은 점을 하나씩 기록하여 스스로 깨우치고 살폈다. 그리고 이들 글을 모아서《도산사숙록》이라고 이름했다."

다산은 퇴계의 책, 한 부도 아닌 반 부를 얻어 그것으로 공부하고, 자신의 배운 점과 느낀 점을 기록해 한 권의 책을 만들었다. 이처럼 좋은 책을 만났다면 날마다 습관처럼 읽어 배움을 얻어야 한다. 다산처럼 아침 일찍 일어나 일과를 시작하기 전에 한 단락씩 읽어 나간다면 규칙적으로 적당한 분량을 읽을 수 있다. 그리고 읽은 다음에는 그날 중으로 느낌과 깨달음을 기록하여 보관해두어야 한다. 이렇게 하면 나중에 틈틈이 읽어 새롭게 배움을 얻을 수 있고, 한 권의 책으로 엮을 수도 있다.

♦ 세상 모든 것이 선생과 다름없다

부모로서 자녀들이 좋은 사람을 만나 배움을 얻는 것만큼 좋은 일은 없을 것이다. 그러나 오늘날의 상황을 보면 반드시 좋은 사람을 만난다는 보장이 없다. 학교나 직장 등 갇힌 틀 안에서 함께하는 사람을 자신이 임의로 정할 수 없기 때문이다. 이때 필요한 것이 바로 좋은 사람을 만나고자 하는 노력과 지혜다. 그 안에서도 분명 지혜롭고 현명한 사람이 있을 것이고, 그런 사람을 찾아 사귀는 것은 자신의 노력에 달렸다. 좋은 책을 찾아 배우고 선생으로 삼는 것도 자신의 선택이다. 좋은 강연을 찾아 듣는 것도 마찬가지다. 우리는 그 방법을 다산에게서 배울 수 있다. 우연히 얻은 퇴계의 책에서 다산은 소중한 가르침을 얻었다.

세상의 모든 것, 곁에 있는 사람 등은 모두 선생이다. 같은 책을 읽고, 같은 사람을 만나고, 같은 환경 아래 있어도 사람마다 얻는 것이 다르다. 발전하는 사람은 이것을 연장으로 삼아 배움을 얻는다. 부모가 할 일은 자녀가 세상에 나가 자기 몫을 다하도록 함께 연장을 손질하는 것이다. 좋은 책을 권하고, 좋은 강연을 함께 다니고, 무엇보다도 부모 자신이 자녀와 함께 성장의 길을 걸어가야 한다.

Key word 7. 읽고 쓰기를 어려워하는 아이

평균 이하의 머리를 가진 사람이 천재가 된 방법

다음은 《예기》 〈학기〉에 실린 글이다.

> 배우고 난 뒤에 자신의 부족함을 알게 되고
>
> 가르치고 나서야 어려움을 알게 된다.
>
> 부족함을 알게 되면 스스로 돌아볼 수 있고
>
> 어려움을 알게 되면 스스로 노력하게 된다.
>
> 그러므로 가르치는 것과 배우는 것은 서로를 자라게 한다(교학상장教學相長).
>
> 〈열명〉에서 '가르침은 배움의 반이다(효학반斅學半)'라고 했다.
>
> 바로 이것을 말하는 것이다.

배움과 가르침에 대한 깊은 통찰을 담은 유명한 글이다. 여기 나오는 〈열명〉은 사서삼경 가운데 하나인 《서경》의 편명으로, 공사장 인부 출신의 재상 부열이 자신을 발탁한 고종에게 '배움學'에 대해 충언한 글이다. 부열은 나라를 통치하는 데 있어 "옛일을 본받고자 하는 자세와 겸손한 배움이 반드시 있어야 한다"라고 강조했으며, 이를 잘 따랐던 고종은 은나라의 큰 부흥을 이룰 수 있었다.

♦ 가르침과 배움은 함께 성장한다

이 글에서 우리가 잘 아는 교학상장, 효학반 등의 성어가 등장한다. 배움을 통해 학생도 성장하지만 가르치는 선생 역시 성장하므로, 겸손한 자세로 가르침에 최선을 다해야 한다는 뜻을 내포하고 있다. 오래전에 배워 잊었던 것을 다시 기억해내고, 더 잘 가르치기 위해 노력하다 보면 기존의 지식에 더해 새로운 지식을 많이 알게 된다.

배움은 지식을 머릿속에 집어넣는 것으로 인풋input이다. 가르치는 것은 자기 머릿속의 지식을 끄집어내는 것으로 아웃풋output이다. 한번 들어온 지식이 머릿속에 고여 있으면 시간이 흐르면서 망각을 거스를 수 없다. 그러나 아웃풋이 되면 그 지식을 기억해낼 수 있고, 새롭게 정리해 자기 머릿속에 다시 보존할 수 있다. 쉽게 잊히지 않도록 각인시키는 것이다.

이를 잘 설명해주는 사례로, 19세기 최고 사상가이자 지성으로 손꼽히는 존 스튜어트 밀을 들 수 있다. 그는《자유론》에서 자유라는 개념을 철학적 원리로 분석하고, 사회적·윤리적 차원으로 구체화함으로써 현대 민주주의와 사회주의 모두에게 사상적 기반을 제공했다.

그런데 그보다 더 우리의 관심을 끄는 것이 그의《자서전》에 실려 있다. 이 책에서 그는 평범한 사람, 아니 그의 표현을 빌리면 평균 이하의 머리를 가진 사람이 어떻게 인문 독서를 통해 천재의 반열에 들었는지를 생생하게 보여준다.

♦ 읽고 쓰기에 충실할 것

밀의 독서법은 서양 지식층의 귀감이 되어 자녀교육에 적용되었고 처칠과 에디슨, 아인슈타인 등 수많은 천재를 탄생시켰다. 이들이 처음의 어려움을 극복하고 인류의 미래를 바꾼 위대한 업적을 이루는 데 큰 힘이 되었던 것이다.

밀을 천재로 만든 교육의 기반은 어린 시절부터 지녔던 독서의 힘이다. 세 살에 그리스어를 독학한 다음 읽었던 수많은 고전이 다른 사람보다 25년 앞서 나가는 성취를 이루게 했다. 그러나《자서전》을 보면 그를 천재로 만든 또 다른 비밀이 있다. 바로 아웃풋이다.

그날 배운 것을 주제로 반드시 아버지와 토론을 벌였고, 좀 자라서는 아버지의 친구였던 훌륭한 학자들의 담론에 참여해 자기 생각을 말할 기회를 얻었다. 그리고 또 한 가지, 아버지의 권유로 날마다 자신이 배운 것을 동생에게 가르쳐주었다. 그는 공부 시간을 많이 빼앗기기 때문에 가르치는 일을 싫어했으나, 이 훈련을 통해 많은 소득을 얻게 되었다는 사실을 후일 솔직하게 인정했다. 가르침을 통해 다시 한번 표현하고 생각함으로써 지식을 완전히 자신의 것으로 만들 수 있었다고 회고했다.

밀의 독서법이 가진 또 하나의 특징은 바로 글쓰기다. 단순히 지식을 머릿속에 쌓는 것으로 그치지 않고 글쓰기를 통해 체계적으로 생각을 정리했다. 고대 그리스 시대부터 시작해 많은 역사책에서 추려낸 자료로 자신이 직접 《로마사》를 썼고, 《고대 세계사》《네덜란드사》《로마 정치사》 등도 집필했다. 이를 통해 문장력과 표현력, 사고력, 자신을 돌아보는 성찰의 능력을 키울 수 있었다. 장점뿐 아니라 부족함을 발견하고 더 노력하는 계기도 글쓰기에서 비롯되었다.

밀의 천재 독서법에 대한 비밀은 바로 독서를 통한 인풋과 다양한 방법으로 시행한 아웃풋의 조화라고 말할 수 있다. 아웃풋을 통해 지식은 생각, 비판, 수정, 발표라는 사이클을 거쳐 새롭게 우리의 머릿속으로 들어오게 된다. 자신이 미처 생각하지 못했던 것을 다시 한번 생각할 수 있고, 상대방에게서 얻을 수도 있다. 그렇기에 이 과정을 통해 얻은 내용을 진정한 자신의 지식으로 만들게 되는 것이다.

♦ 배워서 남 주는 게 진짜 능력자

자녀가 학교에서 배운 것을 부모나 형제자매에게 가르치도록 하는 것은 배움을 자기 것으로 만드는 가장 확실한 방법이다. 학교 공부뿐 아니라 같은 책을 읽고 자신이 배운 것을 서로 가르치는 것도 좋은 방법이다. 이 경우 자연스럽게 토론으로 이어질 수 있으므로 금상첨화가 아닐 수 없다.

미국교육연구소NTL의 발표에 따르면, 다른 사람을 가르치는 것은 90퍼센트의 효율성을 갖는다고 한다. 전달식 강의는 5퍼센트, 읽기는 10퍼센트에 불과하며 토론은 50퍼센트다. 오래전 고전의 지혜가 현대 첨단교육에서 그 효과를 발휘한다는 것을 증명해 보여주는 예라고 할 수 있다.

"배워서 남 주나"라는 말이 있는데, 배움의 가치를 강조하고 있다. 그러나 배움이 더 많은 가치를 가지려면 배워서 남을 줄 수 있어야 한다. 그때 배움은 자신은 물론이고 다른 사람, 더 나아가 세상을 유익하게 만든다. 배움과 가르침의 의미를 알게 되면 어른이 되어 어떤 직업을 갖더라도 귀하게 쓸 수 있는 소중한 자산이 된다. 폭넓은 지식과 따뜻한 마음으로 후배를 가르치는 사람은 드러내지 않아도 존경을 받는다.

남들이 보지 못하는 것을 보는 아이

조선시대 어린이 교육서로《동몽선습童蒙先習》이 있다. 조선 중종 때 문신인 박세무가 쓴 책으로《천자문》다음에 읽어야 할 기본서였다. 훗날 영조가 이 책의 가치를 인정해 직접 서문을 썼고, 유학자 송시열이 발문跋文, 책의 끝에 본문 내용을 간략하게 적은 글을 써서 장려했다. 이 책은 먼저 사람으로서 지켜야 할 다섯 가지 도리인 오륜五倫을 논했고, 이어서 중국과 조선의 역사가 주를 이루고 있다. 비록 간략하게 쓰여 있지만, 어릴 때부터 역사를 통해 흥망성쇠의 이치를 깨달아 알기를 바랐던 것이다.

다산이 경전을 공부한 다음 역사를 공부하라고 권한 것도 같은 이유에서다. 다산은 두 아들뿐 아니라 제자들에게도 끊임없이 "먼저 경학으로 기초를 세운 뒤에 앞 시대의 역사를 섭렵해서 그 득실과 치란의 근원을 알아야 한다"라고 강조했다. 다산이 말한 득실과 치란은 나라를 다스리는 지혜라고 할 수 있다. 득실은 발생한 역사적 사실을 통해 그 일의 원인과 그로 말미암아 어떤 결과를 낳게 되었는지를 말해준다. 치란은 나라가 평안하게 다스려졌는지, 나라가 혼란스럽게 되었는지, 심하면 나라가 망하게 되었는지를 알게 해준다.

♦ 현재와 과거 사이의 대화

역사를 통해 얻을 수 있는 것은 이것에 그치지 않는다. 특히 어린 시절부터 역사를 가까이한 사람은 남다른 능력을 얻게 된다. 바로 통찰력이다. 그리고 학자들은 좀 더 깊게 들어가면 미래를 예측할 수 있는 지혜를 얻게 된다고 말한다. 물론 여기서 미래를 예측한다는 것은 미래에 일어날 사건을 족집게처럼 알아맞히는 초능력적 예언을 말하는 것이 아니다. 현재를 읽어내고 미래를 준비하는 능력이 바로 예측력이다.

《명심보감》에 보면 "미래를 알고 싶다면 먼저 지난 과거를 살펴보라"는 글이 실려 있다. 《사기》의 "지난 일을 잊지 말고 훗날의 교훈으로 삼으라", 《관자》의 "오늘 일을 잘 모르면 옛날을 비추어보고, 미래를 알지 못하면 과거를 살펴보라" 등은 역사를 통해 통찰력을 얻으라는 가르침을 주고 있다.

《역사란 무엇인가》에는 역사의 미래 예측 기능에 대해 이런 이야기가 나온다. 만약 한 학교에 홍역 걸린 학생이 두 명 나왔다고 가정해 보자. 그러면 누구나 전염성이 강한 홍역이 아이들에게 유행하리라는 것을 예측할 수 있다. 그래서 아이들에게 예방주사를 맞도록 하고, 환자인 아이들을 신속하게 격리하고, 휴교령을 내려 예상되는 환자의 발생을 줄이기 위해 노력한다. 이것이 바로 예측하는 자세다.

이런 예측에는 당연히 취해야 하는 행동이 뒤따른다. 만약 예측을 하지 않고 마땅히 따라야 할 후속 조치가 없다면 엄청난 위기를 맞게 된다. 지금 고통을 겪고 있는 코로나19 사태에도 이런 예측력은 절실히 필요하다. 그런데 어떤 도사가 다른 학생은 모두 괜찮고, 3학년 3반 톰과 제리만 홍역에 걸릴 것이라고 주장한다면 그것은 바로 예언이 된다. 이처럼 미래 예측이 일반화되지 않고 특수한 것이 되거나, 보편화되지 않고 개별적인 것이 된다면 그것은 허황한 것으로 끝나고 만다.

저자인 E.H. 카는 "역사는 역사가와 사실 사이의 부단한 상호작용의 과정이며, 현재와 과거 사이의 끊임없는 대화다"라고 말했다. 이 말은 과거는 현재에 비추어볼 때 비로소 이해할 수 있고, 현재는 과거에 비추어볼 때 완전히 이해할 수 있다는 뜻이다. 그러나 그는 과거와 현재를 유추하여 미래를 예언하는 것에 대해서는 그 위험성을 경고한다.

♦ 역사를 배우면 미래 예측이 가능하다

특별한 사실이나 사건을 꼭 짚어내는 '예언'이 아닌 이상 역사를 기반으로 통찰력을 키우고 그 힘으로 미래를 예측할 수 있다고 주장하는 과학자나 미래학자가 많다. 그것이 가능했기에 여러 학문 분야에서 인류 발전이 이루어졌다는 데 상당한 당위성을 부여한다.

철학과 심리학, 언어학, 사회학 등 여러 분야를 섭렵하여 과학철학에 큰 업적을 남긴 토머스 새뮤얼 쿤은 모든 획기적 발견은 그것이 온 과거와 그것이 시작되는 미래의 일부라고 주장했다. 그리고 "길이 구부러지는 지점에 서 있으면 그 길이 어디서 왔는지 볼 수 있고, 그 길이 어디로 가는지 살펴볼 수 있다. 미래는 과거에서 온다. 그러나 직선으로 오지는 않는다"라고 말했다.

2차 세계대전의 영웅 윈스턴 처칠은 어린 시절부터 책 읽기를 좋아했다. 그는 역사서를 기본으로 문학, 철학, 과학, 경제로 독서 범위를 넓혀 나갔다. 특히 역사서를 좋아했는데, 폭넓은 독서에서 비롯된 명언이자 좌우명을 남겼다.

"멀리 되돌아볼수록 더 먼 미래를 볼 수 있다."

이 말을 증명이라도 하듯 처칠은 《폭풍의 한가운데》에서 50년 후의 세계를 다음과 같이 예측했다.

> 현재의 추세대로 개발이 진행되면 머지않아 무선 전화와 무선 텔레비전이 등장해 기기만 들고 다녀도 연결할 수 있는 설비를 갖춘 장소인 경우 어디서나 기기와

연결해 멀리 떨어져 있는 상대방과 편안히 통화하게 될 것이다. 그렇게 되면 도시에서 사람들의 집회가 불필요해질 것이다. 또한 초고속 통신 수단이 현실화되는 날에는 아주 친한 친구들을 만나는 경우가 아니라면 실제로 사람들을 찾아다닐 필요가 없어질 것이다.

이 책이 1932년에 처음 출간되었다는 것을 감안한다면 처칠의 통찰력에 놀라지 않을 수 없다. 그러나 오늘날의 세상은 그의 예상을 훨씬 뛰어넘고 있다. 이처럼 세상은 급변하지만, 통찰력을 얻는 방법은 그때와 다름이 없다. 어린 시절부터 인문학을 가까이하면 된다. 문학을 통해 역지사지의 상상력, 철학을 통해 사고력, 역사를 통해 과거를 기반으로 현재를 읽고 미래를 예측하는 능력을 키운다면 남들이 보지 못하는 것을 보는 통찰력을 가진 사람으로 성장할 것이다.

어떤 공부를 하든, 사회에 나가 어떤 분야에서 일하든 특별한 결과를 만들어내는 사람. 그 시작은 자녀에게 역사책을 사주는 것이다. 부모가 함께 읽고 토론하고 배운 것을 나눈다면 그 자녀의 미래는 활짝 열릴 것이다.

Part 4

영정치원 寧靜致遠

머리보다 마음이 똑똑한 아이로 키워야 한다

빠른 성취보다 내면의 힘을 기르는 것이 중요하다

2,300년 전에 맹자가 활동하던 시대는 '전국시대戰國時代'라는 명칭이 말해주듯 전쟁이 일상이었고, 백성은 최악의 고난을 겪어야 했다. 그 당시 나라를 다스리는 군주는 무소불위의 존재였으나 백성의 생명은 왕이 아끼는 말 한 마리의 값에도 미치지 못할 정도였다.

이런 시대에 맹자는 "백성을 지키지 못하는 군주는 갈아치워도 좋다"는 주장을 펼치면서 양혜왕, 제선왕 등 당시 강국을 다스리던 왕들을 만나 사랑으로 다스리는 나라를 만들어야 한다고 가르쳤다. 무력이 아니라 사랑으로 다스릴 때 천하의 강국이 될 수 있다는 '인자무적仁者無敵'은 맹자가 이들에게 강조한 말이다. 이때 인자무적은

"사랑의 사람은 온화하기에 적이 없다"라는 뜻이 아니라 "사랑의 사람은 가장 강력하기에 대적할 사람이 없다"라는 뜻이다. 그 기반은 백성들의 강력한 지지다. 사랑으로 다스리는 왕에게 백성들은 목숨을 걸고 충성한다.

♦ 마음을 가꾼다는 것

맹자는 전쟁이 일상이던 당시 담대하게 왕을 가르치며 자신의 뜻을 펼쳤다. 과연 그의 어떤 힘이 이처럼 파격적인 주장을 하도록 만들었을까? 다음은《맹자》〈공손추상〉에서 맹자가 직접 한 말이다. 제자 공손추가 "스승님은 무엇을 잘하십니까?"라고 묻자 맹자는 "나는 말을 알고 호연지기를 잘 기른다(아지언 아선양오호연지기我知言 我善養吾浩然之氣)"라고 대답했다.

맹자의 두 가지 힘은 바로 말과 호연지기였다. 맹자는 먼저 '말'에 대해 "편파적인 말을 들으면 한쪽이 가려진 것을 알고, 과장된 말을 들으면 무엇에 빠져 있는지를 알며, 사악한 말을 들으면 도리에 벗어난 것을 알고, 핑계 대는 말을 들으면 궁지에 몰렸다는 것을 안다"라고 설명했다. 맹자는 "마음은 사람의 본성이고, 그 본성이 겉으로 표현된 것이 말이다"라고 했다. 따라서 맹자가 말을 안다고 했던 것은 사람의 본성에 대해 이해하고 있다는 뜻이다. 맹자가 그 당시 최고 권력자인 왕들 앞에서도 주눅 들지 않고 당당하게 자신의 뜻을 펼쳤던 것도 사람의 본성에 바탕을 둔 말의 능력이라고 할 수 있다.

그다음 호연지기에 대해 맹자 자신도 제대로 설명하기 어렵다고 하면서 "그 기운은 지극히 크고 강해서 곧게 길러 해치지 않으면 하늘과 땅 사이에 가득 차게 된다. 또한 의義, 도道와 함께하는 것으로, 그렇지 않으면 그 기운이 곧 시들어진다. 이것은 의가 부단히 모여서 된 것이지, 의가 밖에서 갑자기 들이닥쳐서 이루어진 것이 아니다. 행하고 나서 마음에 흡족하지 않으면 호연지기는 시들해지기 마련이다"라고 말한다.

호연지기는 사람의 마음에 가득 차 있는 지극히 크고 광대한 기운이다. 천하를 채울 정도로 크고 위대한 힘이지만 외부에서 갑자기 얻을 수 있는 것이 아니라 내면의 힘을 키워 나가야 얻을 수 있다. 그리고 반드시 의, 도와 같은 선한 덕성을 기반으로 해야 한다. 이런 훌륭한 덕성을 기반으로 하지 않으면 그 기운은 호연지기가 될 수 없다. 마지막으로 호연지기는 반드시 삶에서 꾸준히 구현되어야 한다. 행동으로 실천하지 않으면 마음이 흡족할 수 없고, 마음이 흡족하지 않으면 호연지기는 곧 시들해지고 만다.

♦ 조급한 부모, 포기하는 아이

이들의 말을 종합해 보면 호연지기는 '평상시 곧고 바른 삶을 살며, 마음속에 있는 선한 본성인 의로움을 꾸준히 키워 나감으로써 얻을 수 있는 크고 위대한 기운'이라고 정리할 수 있다. 그리고 맹자는 호연지기를 기르고자 할 때 반드시 유의해야 할 점이 있다고 말한다.

"호연지기를 기르기 위해 매사에 잊지 말고 노력해야 하지만 그 결과를 기대하지 말 것이며, 빨리 기르기 위해 조급해하지도 말아야 한다."

맹자는 송나라 농부의 예를 들어 설명해준다. 알묘조장揠苗助長의 고사인데, 오늘날 "바람직하지 않은 일을 부추긴다"라는 뜻을 가진 단어 조장의 어원이 된다.

송나라의 사람 가운데 자기 논에 심은 싹이 잘 자라지 않는 것을 안타깝게 지켜보던 농부가 있었다. 하루는 싹을 살짝 뽑아 올리자 싹이 금방 자란 것처럼 보여 흐뭇했다. 농부는 온종일 자기 논의 싹을 모두 조금씩 뽑아 올린 다음 지친 몸으로 집에 돌아와 가족에게 말했다.

"내가 싹들을 모두 잘 자라도록 도와주었다."

깜짝 놀란 아들이 가서 논을 살펴보니 싹들이 모두 말라 죽어 있었다.

맹자는 이 고사를 통해 호연지기를 기르는 올바른 방법을 일러준다. 호연지기를 기르는 것이 무익하다고 해서 포기하는 사람은 아예 김을 매지 않는 자다. 반대로 조급하게 그 기운을 자라게 하려는 사람은 싹을 뽑아 올리는 자다. 이는 무익할 뿐 아니라 그것을 해치는 일이다. 결국 모든 일을 망치게 된다.

♦ 아이의 몸은 작지만 가능성은 무한하다

맹자는 전쟁과 혼란의 전국시대에 지언과 호연지기로 자신의 뜻을 펼쳐 나갔다. 어렵고 힘든 상황에서 스스로를 지켜냈고, 학문과 이념도 지켜내어 후세에 전해줄 수 있었다. 오늘날도 어쩌면 전국시대 못지않은 치열한 시대일지도 모른다. 가치관이 흔들리는 혼돈의 시대, 잠깐 뒤처지면 도태되는 치열한 경쟁의 시대를 살아가는 힘은 지언과 호연지기로 얻을 수 있다. 그러나 반드시 어린 시절부터 올바른 의식을 갖고 꾸준히 쌓아 나가야 함을 염두에 두어야 한다. 상황이 어렵다고 중간에 포기해서도 안 되고, 빨리 이루기 위해 조급해서도 안 된다. 특히 부모들은 자녀의 빠른 성취를 위해 조급해서는 안 된다. 부모가 조급해하면 아이에게 그대로 전달되고, 자녀는 호연지기가 아닌 알묘조장의 길로 가게 된다.

아이의 미래는 부모와 함께 쌓아 나가는 것이다. 눈앞의 현실에 흔들리지 않고 긴 호흡을 갖고 쌓아 나간다면 호연지기가 아이의 마음에 자라게 된다. 호연지기가 굳건히 세워지면 어떤 상황에서도 흔들리지 않고 담대하게 꿈을 이루어갈 수 있다. 어떤 어려움을 만나도 당당하게 맞설 수 있다. 단순히 이겨내는 것에 그치지 않고 주위에 선한 영향을 끼치며 세상을 바르게, 살기 좋게 만들어갈 수 있다. 비록 아이의 몸은 작을지 몰라도 그 마음은 광대하며, 가능성은 무한하다.

자녀에게 승리의 DNA를 새길 기회를 주라

"젊어서 고생은 사서도 한다"는 속담이 있다. 젊은 나이에 겪은 고난과 실패의 경험이 인생을 살아가는 데 큰 힘이 될 수 있다는 가르침이다. 그렇다고 해서 고생을 일부러 사서 하는 사람은 없을 것이다. 물론 고생의 모의 훈련, 즉 극기 훈련과 같은 행사에 돈을 주고 참여하기도 한다. 인생을 살아가는 데 큰 힘이 되는 인내력과 자신감을 키우기 위해서다. 그러나 실제 인생에서 자녀들이 감당하기 어려운 고난을 겪을 때 이를 그저 바라보는 부모는 없을 것이다. 이런 상황을 상상하는 것만으로도 부모에게는 큰 고통이 될 수 있다.

그러나 인생에는 원하든 원치 않든 고난을 겪어야 하는 순간이 있다. 태어나기를 곤궁하게 태어날 수도 있고, 아무리 평탄한 인생을 사는 사람이라고 해도 살다 보면 크고 작은 고난을 만나게 된다. 이때 고난을 극복하기 위한 인내와 담력이 필요하지만, 그보다 더 중요한 것이 있다. 고난의 의미를 알고, 고난이 삶에서 더 큰 일을 이루는 소중한 기회가 될 수 있음을 깨닫는 것이다. 고난의 의미를 아는 사람은 고난을 이겨낼 수 있지만, 그렇지 못한 사람은 무너지고 만다.

♦ 어려움을 겪지 않은 위인은 없다

다음은 《채근담》에 나오는 말이다. "역경과 곤궁은 호걸을 단련하는 도가니와 망치다." 그리고 "역경 가운데 있을 때는 몸 주변이 모두 약과 침 같아서 마음과 행실이 연마되지만 미처 깨닫지 못한다. 순탄함 가운데 있을 때는 모든 것이 칼과 창 같아서 살이 녹고 뼈가 깎여도 미처 알지 못한다"라고 그 이유를 상세히 알려준다. 또한 《근사록》에 보면 "가난과 고난, 근심, 걱정은 그대를 옥처럼 완성시킨다"라는 말이 나온다. 역경이 성공적인 인생을 살아가는 데 큰 밑거름이 된다는 말이다. 이처럼 고전에는 역경을 더 크게 성장하고 위대한 일을 이루는 기회로 삼으라는 말이 계속 나온다.

《사기》는 세계 최고로 손꼽히는 중국의 역사서다. 일부 역사학자는 "《삼국지》를 열 번 읽는 것보다 《사기》를 한 번 읽는 것이 낫다"라고도 말한다. 이처럼 위대한 책도 그저 탄생하지 않았다. 이 책의 저자 사마천은 마흔여덟 살의 나이에 생식기를 뿌리째 절단하는 '궁형'의 형벌을 받았다. 죽음보다 더 참혹한 형벌이었지만 그는 자신의 책을 완성하기 전에는 죽을 수 없었다. "태산보다 더한 죽음이 있고, 깃털보다 더 가벼운 죽음이 있다"라고 말하며 일생의 소명인 《사기》를 완성하지 않고 헛된 죽음을 맞이할 수 없다는 결론을 내렸다. 그리고 서문이라고 할 수 있는 〈보임소경서〉에 다음과 같은 글을 남겼다.

> 옛날 주나라 문왕은 감옥에 갇혀 있는 동안 《주역》을 만들었다. 공자는 진나라에서 어려움에 처했을 때 《춘추》를 만들었다. 굴원은 초나라에서 추방되자 《이소경》을 만들었다. 좌구명은 장님이 되고 나서 《국어》를 만들었다. 손자는 다리가 끊기고 나서 《병법》을 만들었다. 여불위는 촉나라에 귀양 가서 《여람》을 만들었다. 한비는 진나라에 사로잡힌 몸으로 《세난》 《고분》 등의 문장을 만들었다. 시 300편도 거의 현인, 성인들의 발분으로 만들어진 것이다. 이렇듯 이 모든 책은 한스러운 마음의 소치이며, 그 한을 풀 길이 없어서 과거를 돌이켜보고 미래를 굽어보게 된 것이다.

사마천은 인생의 역경 가운데서도 역사에 길이 남을 명작을 남긴 사람들을 거론하면서 자신도 감당하기 어려운 고초 가운데서 책을 만들었음을 보여준다. 그러나 꼭 책이 아니더라도 인류 역사의 큰 획을 그은 사람들은 어떤 분야에서 활동했든 간에 역경의 과정을 거쳤다. 훌륭한 인물이 되려고 일부러 고난당할 필요는 없겠지만, 그들은 고난이 더 위대한 것을 이루기 위한 축복이 될 수 있음을 자신의 삶을 통해 증명했다.

맹자는 좀 더 구체적으로, 실감나게 고난의 의미를 말해준다. 맹자는 가장 치열했던 전국시대의 한복판, 고난의 시대를 돌파해 나갔던 철학자다. 그는 이런 시대를 살아가는 사람들에게 고난은 자신의 소명을 이루기 위한 하늘의 선물이라고 가르쳤다.

"하늘이 장차 그 사람에게 큰 사명을 내리려고 할 때는 먼저 그의 심지를 괴롭게 하고, 뼈와 힘줄을 힘들게 하며, 육체를 굶주리게 하고, 그에게 아무것도 없게 하여 그가 행하고자 하는 바와 어긋나게 한다. 마음을 격동시켜 성질을 참게 함으로써 그가 할 수 없던 일을 더 많이 할 수 있게 하기 위해서다."

♦ 아이의 고난은 부모의 몫이 아니다

고난은 위대한 사람에게만이 아니라 평범한 사람에게도 찾아온다. 이런 고난에 어떻게 대처하느냐에 따라 그 사람의 삶이 달라진다. 어린 시절에도 예외는 아니다. 당연히 크고 작은 어려움을 겪는다. 환경의 어려움뿐 아니라 일상이나 학교생활에서도 어려움을 겪을 수 있다. 물론 아이들이 겪는 고난은 어른들과는 다르다. 어른들이 보기에 극히 사소한 일처럼 보이는 것도 아이들이 받아들이기에는 큰 고난으로 다가온다. 이때 부모가 무조건 그 어려움을 해결해주려고 한다면 아이들에게 고난의 의미를 잘못 가르쳐주는 것이다. 자녀의 머릿속에 고난이 부모의 몫이라고 새겨질 수도 있다.

고난은 누구든 부딪힐 수 있는 일이며, 예기치 않은 상태에서 다가온다는 것을 말해주어야 한다. 그것을 헤쳐나가는 것도 자신의 몫이라는 생각을 심어주어야 한다. 그리고 스스로 해결해 나가는 것을 격려의 시선으로 잠잠히 지켜보면 된다. 당당히 헤쳐나갔을 때 진심으로 함께 기뻐해주는 것으로도 충분하다.

고난을 이겨내는 것은 눈앞의 어려움을 해결하는데 그치는 것이 아니다. 인생의 큰 의미 하나를 깨우친 것, 한 단계 더 도약한 것이다. 그리고 이런 경험이 쌓이면 어떤 어려움과 마주쳐도 담대히 맞설 힘을 얻게 된다. 크고 작은 고난에 단련되고 이를 이겨낸 사람은 어떤 장애에 부딪혀도 당당히 이겨 나갈 힘이 있다. 고난을 이겨낸 승리의 DNA가 깊이 새겨지기 때문이다.

'내 탓' 대신 인정, '남 탓' 대신 이해

공자가 위나라의 광匡 지역을 지날 때 위험에 빠졌다. 광 지역 사람들이 장대한 체격의 공자를 자신들의 원수인 양호로 잘못 보았던 것이다. 무기를 들고 집을 에워싼 위기 상황에서도 공자가 태연히 거문고를 타는 모습을 보고 제자 자로는 "스승님, 어떻게 이런 위기 상황에서도 즐거울 수가 있습니까?"라고 물었다. 그러자 공자는 다음과 같이 대답한다.

"곤궁에는 운명이 있음을 알고, 형통에는 때가 있음을 알고, 큰 어려움에 처해도 두려워하지 않는 것이 성인의 용기다."

공자는 고난과 형통이 모두 운명에 따른 것이기에 별다른 노력을 할 필요가 없다고 말한 것이 아니다. 어떤 어려움 가운데서도 좌절하거나 두려워하지 말고 조용히 때를 기다리는 것이 진정한 용기이며, 그렇게 할 때 고난을 극복할 기회가 생긴다는 것이다.

사람은 고난에 처하면 당장 무언가를 해야 한다고 생각하지만 급박하거나 당황스러운 상황을 벗어나기 위해 무언가를 하면 무리하게 되고, 오히려 더 큰 어려움에 처할 수 있다. 설상가상, 엎친 데 덮친 격이라는 격언 모두 이런 조급함에서 비롯된다.

♦ 어려움을 이기는 방법

고난에 처했을 때 고난의 의미를 생각하고 그 상황에서 자신이 해야 할 일을 잠잠히 생각해 보는 것, 이것이 고난을 극복하는 첫 번째 비결이다. 이 고사는 광 지역의 사람들이 공자에 대한 오해를 풀고, 오히려 도움을 주는 것으로 끝이 난다. 위기의 순간에 잠잠히 거문고를 타는 사람이 양호처럼 악한 사람일 수 없다는 믿음을 준 것이다. 그리고 평온한 마음으로 대화를 나누게 되자 광 지역 사람들은 자신들이 오해했음을 깨닫게 되었다.

그다음 고난을 대하는 지혜는 자신의 소명에 집중하는 것이다. 다산 정약용은 조선 후기 실학자로서 정조와 함께 개혁을 추진했던 인물이다. 그러나 정조 사후 정치적 희생양이 되어 귀양길에 오르게 되었고, 온 집안이 몰락하는 상황에 처하고 말았다. 이런 상황에서도 그는 좌절하지 않고 오히려 자신의 소명을 이룰 기회로 여겼다. 그는 《자찬묘지명自撰墓誌銘》에서 이렇게 썼다.

"어릴 때는 학문에 뜻을 두었으나, 20년 동안 세속의 길에 빠져 다시 선왕의 훌륭한 정치가 있는 줄 알지 못했는데 이제야 여가를 얻게 되었다. 그러고는 드디어 흔연히 기꺼워했다."

다산은 언제 끝날지 모르는 귀양을 학문에 매진할 수 있는 여가로 여기고 오히려 잠잠히 기뻐했다. 이후 그는 18년간 강진에서 유배생활을 하면서 학문을 연구하고 수많은 책을 쓰는 데 매진했다. 전혀 움직이지 않고 앉은뱅이책상에서 글을 쓰다가 '복숭아뼈에 세 번이나 구멍이 났다(과골삼천踝骨三穿)'는 유명한 일화가 그의 집념을 보여준다.

다산은 귀양을 단순한 고난이 아니라 하늘이 준 기회로 삼아 우리 학문의 든든한 뼈대를 만들어냈다. 만약 그의 생애에 귀양이라는 고난이 없었다면 우리나라의 학문적 자랑거리인 500여 권에 달하는 《여유당전서》도 없었을 것이고, 그의 개인적인 삶 역시 단순히 조선 후기 고위관리의 한 사람으로 남고 말았을 것이다.

다산은 귀양이라는 일생일대의 고난을 순전히 받아들였다. 그리고 고난이 가진 의미를 깨닫고, 자신의 소명을 이루기 위해 전심을 다했다. 이렇게 세 가지가 어우러질 때 고난은 위대한 소명을 이루는 바탕이 된다.

♦ 성장의 발판

고난을 대하는 또 하나의 지혜는 고난이 주는 고통을 남겨진 삶의 밑거름으로 삼는 것이다. 고난을 단순히 벗어나야 할 수렁으로 생각하지 말고, 고난이 주는 다양한 경험을 자신의 성장을 위한 기반으로 삼아야 한다.

동화작가 한스 안데르센은 엄청난 고난 가운데서 성장한 사람이었다. 그는 초등학교도 제대로 다니지 못했고, 알코올 중독자인 아버지에게서 학대를 당했다. 훗날 세계적인 동화작가가 된 그는 이렇게 말했다.

"생각해 보니 내 역경은 정말 축복이었다. 가난했기에 〈성냥팔이 소녀〉를 쓸 수 있었고, 못생겼다고 놀림을 받았기에 〈미운 오리새끼〉를 쓸 수 있었다."

《해리 포터》의 작가 조앤 롤링은 어린 딸과 함께 정부 보조금으로 겨우 생계를 이어가던 싱글 맘이었다. 어린 딸에게 동화책 한 권을 사줄 형편이 되지 않아서 자신이 직접 글을 쓰기 시작했고, 세계적인 베스트셀러 《해리 포터》 시리즈를 탄생시킬 수 있었다. 이 두 사람은 자신들의 고난을 예술적 창의력으로 승화시켰다.

성공한 사람은 자신이 겪는 고난을 남의 탓으로 돌리지 않았고, 스스로를 비난하지도 않았다. 언젠가 역경이 끝날 것이고 반드시 이겨낼 수 있으리라 믿었다. 결국 그들은 실패를 딛고 더 큰 성공을 거둘 수 있었다. 미국의 NASA에서는 우주비행사를 선발할 때 반드시 인생에서 큰 실패를 경험한 사람을 뽑는다고 한다. 실패한 경험을 가진 사람만이 위기의 순간이 닥쳤을 때 제대로 대비할 수 있다는 이유에서다. 고난에 담대하게 맞서고, 고난을 이겨냈던 경험은 그 무엇과도 바꿀 수 없는 소중한 자산이다.

♦ 'Why'가 아니라 'How'를 생각하는 것

도스토옙스키는 고난의 유익에 대해 "괴로움을 피하지 말라. 괴로움은 인생의 본질 중 하나다. 인생에 괴로움이 없다면 어떻게 만족감을 느낄 수 있겠는가. 깊은 골짜기가 있어야 산은 높은 법이다"라고 말했다.

어려움을 겪을 때 그 의미를 생각해 보라는 조언이 어린 자녀에게는 쉽게 와닿지 않을 것이다. 그러나 이유를 생각하는 시간을 갖게 할 수는 있다. 왜 어려움이 생겼는지, 그 어려움에서 찾을 수 있는 좋은 점이 무엇인지, 어떻게 해야 벗어날 수 있는지를 생각해 보게 하는 것이다. 자신이 겪는 어려움의 이유를 알고, 스스로 대책을 찾아내는 것은 어려움을 이겨 나갈 큰 힘이 된다.

이때 반드시 지켜야 할 것이 있다. 자신이 겪는 어려움에 대해 다른 사람이나 환경을 탓해서는 안 된다. 외적 요인으로 어려움을 겪게 될 때도 많지만 자신을 돌아보기 전에 외적인 것에서부터 이유를 찾는다면 어려움에 주체적으로 대처하는 능력을 키우기 어렵다.

고난이 괴롭고 힘든 것은 누구에게나 마찬가지다. 그러나 고난을 어떻게 받아들이느냐는 저마다 다르다. 고난 앞에서 무너지고 포기하는 것도, 고난을 도약의 발판으로 삼는 것도 모두 자신의 몫이다. 우리가 자녀에게 심어주어야 하는 정신이 바로 이것이다.

공부를 잘하려면
마음을 다스리는 것이 우선돼야

《대학》은 《소학》 다음으로 읽는 책이다. 아이들의 공부인 《소학》을 마치면 읽게 되는데, 올바른 성인이 되기 위한 어른의 공부라고 할 수 있다. 이 책의 핵심 구절은 익히 알려진 '수신제가치국평천하'다. 자신의 몸을 바르게 하는 수신에서부터 시작해서 집안, 나라를 비롯해 온 세상을 평안하게 만드는 능력과 자질을 키워 나가는 것이다.

《대학》은 '수신제가치국평천하'의 올바른 뜻과 공부하는 방법을 말해주는 책이라고 할 수 있다. 그러나 수신이 시작은 아니다. 그것에 이르기 위해선 몇 단계를 거쳐야 하는데, 바로 격물치지성의정심格物致知誠意正心이다. 많은 경험과 공부를 통해 사물의 지극한 이치를 깨닫고, 올바른 뜻을 세우고, 마음을 바르게 해야 수신할 수 있는 자격을 얻게 된다. 《대학》에서는 수신의 바로 전 단계인 정심, 즉 바른 마음과 수신과의 관계에 대해 〈전7장〉에서 다음과 같이 말한다.

> 이른바 수신이 그 마음을 바르게 함에 있다는 것은 몸에 분하고 원망하는 바가 있으면 그 바름을 얻을 수 없고, 무서워하고 두려워하는 바가 있어도 그 바름을 얻을 수 없고, 좋아하고 즐기는 바가 있어도 그 바름을 얻을 수 없고, 근심하고 걱정하는 바가 있어도 바름을 얻을 수 없기 때문이다. 마음이 없으면 보아도 보이지 않고, 들어도 들리지 않고, 먹어도 그 맛을 알지 못한다. 이를 일러 수신이라고 하니, 그 마음을 바르게 함에 있다.

수신의 근본이 마음을 바르게 하는 정심이라는 것, 정심을 얻기 위해서는 무엇을 피해야 하는지 잘 말해준다. 분노와 원망, 무서움과 두려움, 좋음과 기쁨, 근심과 걱정이 있으면 사람이 본능적으로 가지는 감정을 다스리지 못하게 되므로 바른 마음을 가질 수 없고, 수신의 길로 나아갈 수 없다. 세상을 향해 나아갈 수 있는 첫 번째 기반을 얻기 어려운 것이다.

♦ 분노에 전염되지 않아야

사실 평범한 사람은 감정을 조절하는 것이 어렵다. 특히 분노를 다스리기 어려운데, 순간적이고 폭발적으로 발산되기 때문이다. 이는 경지에 이른 옛 선비도 마찬가지였다. 명도明道 선생이라고 불린 북송의 유학자 정호程顥는 "사람의 감정 가운데서 쉽게 일어나 다스리기 어려운 것으로 분노를 들 수 있다. 화가 날 때는 얼른 그 화나는 것을 잊고 사리의 옳고 그름을 살펴보면 외부의 유혹이 미워할 만한 것이 아님을 알 수 있고, 도를 향하는 마음이 이미 절반을 넘어선 것이다"라고 말했다. 성리학의 창시자인 주자도 "내 기질상의 병통은 대부분 분노와 원망을 다스리지 못하는 데 있다"라고 하며 분노와 원망을 다스리기가 어렵다고 토로했다.

정호는 화가 날 때 먼저 옳고 그름을 생각하라고 했는데, 사실 이는 어느 정도 경지에 이른 사람이 아니면 실천하기 어려운 일이다. 《논어》〈옹야〉에서 공자도 분노를 절제하는 것이 지극히 높은 경지라고 말한다.

노나라 임금 애공哀公이 "배우기를 좋아하는 제자가 누구입니까?"라고 묻자 공자는 수제자 안회顔回가 그렇다고 대답하면서 그 이유에 대해 이렇게 말했다.
"노여움을 남에게 옮기지 않고, 같은 잘못을 두 번 저지르지 않았습니다."

여기서 잘못을 두 번 저지르지 않는다는 것은 자신의 잘못을 철저히 반성하고 그것을 되풀이하지 않는 자세다. 노여움을 남에게 옮기지 않는다는 것은 자신의 분노로 말미암아 다른 사람에게 피해를 주지 않는다는 뜻이다. 설사 그 분노가 다른 사람에게서 기인했다고 해도 자신을 절제함으로써 분노의 전염을 막아야 한다.

이 구절에서 공자는 진정한 공부란 자신을 돌아보는 성찰과 감정의 절제를 얻는 것이라고 말한다. 여기서 우리는 분노를 다스리는 방법에 대해 알 수 있다. 먼저 성찰을 통해 잘못을 거듭해서 저지르지 않는 것이다. 또 한 가지는 설사 분노가 일더라도 그것을 다른 사람에게 옮기지 않는 것이다. 분노가 생기는 것을 완전히 절제할 수 없다면 그 분노로 말미암아 다른 사람이 피해를 입지 않도록 해야 한다.

맹자도 마음을 다스리는 것이 바로 학문의 길이라고 했다. 《맹자》 〈고자장구상〉에 보면 "학문의 길은 다른 것이 아니라 잃어버린 마음을 찾는 데 있다"라는 글이 나온다. 맹자는 성선설을 주창한 철학자로서 사람은 모두 하늘로부터 선한 마음을 받았다고 했다. 그러나 살아가면서 선한 본성을 잃어버리게 되는데, 이는 욕심과 감정 때문이다. 따라서 사람의 선한 본성을 회복하는 것, 하늘로부터 받은 착한 마음을 회복하는 것이 바로 공부라는 것이다.

옛 성현들의 이런 가르침에서 우리는 배움의 요체를 알게 된다. 공부를 잘하려면 반드시 마음을 다스리는 것이 우선되어야 한다는 것이다. 감정과 욕심에서 자유로운 평온한 마음을 가질 때 공부에 집중할 수 있고, 결실도 맺을 수 있다.

♦ 감성의 리더십

감성 이론의 창시자인 대니얼 골먼 박사는 "감성 능력은 자신의 감정을 잘 다스리며, 상대방의 입장에서 이해하고 좋은 관계를 유지하는 것이다"라고 정의한다. 그리고《감성의 리더십》에서 감성 능력을 자기인식, 자기관리, 사회적 인식, 관계관리 네 가지로 나눴다. 자기인식과 자기관리는 '자신의 감정과 능력, 한계, 가치, 목적에 대해 깊이 이해하고 좋은 방향으로 이끌어 최고 가치를 발휘하기 위해 노력하는 것'이다. 그리고 사회적 인식과 관계관리는 '상대방의 입장을 이해하고, 서로 공감하는 것'이다. 한마디로 말해 배려와 역지사지의 정신이라고 할 수 있다.

이를 통해 보면 오늘날 중요시하는 감성 능력은 고전에서 말하는 자기성찰과 배려의 정신과 같다. 자신에 대한 이해와 사랑을 바탕으로 다른 사람을 배려하고 사랑을 베푸는 사람. 삶의 의미를 명확히 알고 그 가치를 높이기 위해 끊임없이 노력하는 사람. 탁월한 사고력과 창의성으로 남다른 결과를 만들어내는 사람. 어린 시절부터 고전을 공부한 사람의 모습이다. 이런 사람은 성장을 멈추지 않고, 다른 사람과의 관계를 잘 유지해 나갈 수 있다.

목표가 크고 분명하면 문제는 작아진다

어린 시절 올바른 삶의 목표를 세우는 것은 중요한 일이다. 아니 반드시 해야 할 일이라고 말할 수 있다. 공자가 열다섯 살에 학문에 뜻을 둔 것이나《중용》에서 수신제가 이전에 '성의誠意'를 말한 것도 세상에 나서기 전에 반드시 '올바른 뜻'을 세워야 한다는 가르침을 주고자 함이다.

율곡 이이가 어린아이들을 깨우치기 위해 쓴《격몽요결》의 첫 장은 〈입지立志〉, 즉 '뜻을 바로 세움'이다. 이렇듯 배움을 시작할 때도 가장 먼저 올바른 뜻을 세워야 한다. 이 책에는 "처음 배울 때 먼저 뜻을 세워야 하니, 반드시 성인이 되겠다고 스스로 다짐하며 조금이라도 자신을 작게 여기거나 중간에 물러설 생각을 하지 말아야 한다"라는 글이 실려 있다. 올바르고 큰 뜻을 품고 학문을 시작해야 한다는 말이다.

♦ '할 수 없다'는 생각에 발목 잡히지 않으려면…

어린 시절 아이들은 꿈이 많다. 그중에서 아이의 적성과 성품에 맞게 인생의 목표를 정해주는 것은 부모가 함께해야 할 중요한 일이다. 그러나 아이들이 자라고 시간이 지남에 따라 그 꿈이 퇴색하고 마는 것이 현실이다. 학창 시절에는 성적이라는 벽, 사회에 나갈 준비를 할 때는 취업이라는 벽, 사회에 나와서는 생계의 벽에 막히는 경우가 많다.

그러나 어린 시절부터 뜻을 분명하게 세운 사람은 쉽게 흔들리지 않는다. 뜻을 세우고, 그 뜻을 이루어가는 데 시간이나 현실의 한계에 가로막히지 않는다. 설사 잠깐 흔들렸거나 그 길을 떠났더라도 다시 돌아올 힘을 낼 수 있다. 그때 필요한 것이 현실의 벽을 뛰어넘는 용기와 포기하지 않고 길을 찾는 굳건한 의지다.

자신이 이루고 싶은 꿈이 있다면 지금의 환경과 한계를 벗어나 과감하게 도전할 수 있어야 한다. 눈앞의 현실을 보면서 스스로 한계를 정해 '할 수 없다'라고 생각하는 것은 꿈을 포기하는 것과 다름없다. 《장자》를 보면 바다의 신 약若이 바다의 장대함을 보고 놀라는 황하의 신 하백河伯에게 이렇게 충고한다.

"우물 안 개구리에게는 바다를 설명할 수 없다. 우물이라는 공간의 한계에 갇혀 있기 때문이다. 여름에만 살다 죽는 곤충에게는 얼음을 알려줄 수 없다. 시간의 제약이 있기 때문이다. 어설픈 전문가에게는 진정한 도의 세계를 말해줄 수 없다. 그는 자신의 지식에 갇혀 있기 때문이다."

여기서 우리는 스스로를 제한하는 세 가지를 알 수 있다. 활동하는 무대, 살고 있는 시간, 우리가 아는 지식의 한계다. 개구리 같은 짐승은 이런 제한에서 벗어날 수 없다. 자연에 순응하며 살 수밖에 없기 때문이다. 그러나 사람은 다르다. 이루고 싶은 꿈이 있고, 만들고 싶은 미래가 있으며, 도전하고자 하는 열정과 일을 이루어내는 능력을 가졌기 때문이다.

우리가 사는 우물이 좁다면 그 우물을 벗어나 세상으로 나가면 된다. 넓은 세상에 나가 과감하게 도전하면 된다. 사람은 간절한 마음이 있다면 시간의 한계도 뛰어넘을 수 있다. 시간이 모자라면 남들이 모두 자는 새벽에 일어나면 된다. 나이가 들어 장년이나 노년이 되었다고 해도 상관없다.

♦ 환경을 대하는 자세

강태공姜太公이 낚싯대를 놓고 세상에 나와 뜻을 펼쳤을 때 나이가 일흔이 넘었다. 백리해百里奚가 목장지기를 하다가 진나라의 명재상이 되었을 때 나이가 일흔이었다. 이스라엘 족속을 이집트의 노예 생활에서 이끌어내기 위해 지도자로 세워졌을 때 모세는 여든이었다. 이루고자 하는 꿈이 있다면 나이는 문제가 될 수 없다는 것을 이들은 생생히 증명해주고 있다.

부족한 지식도 얼마든지 채울 수 있다. 지금은 공적인 교육제도가 아니라도 다른 방법으로 얼마든지 지식을 얻을 수 있다. 찾아서 구하면 되는 것이다.

제한에서 벗어났다면 그다음은 끝까지 포기하지 않아야 한다. 그리고 한 단계, 한 단계 꿈을 키워 나가면 된다.

천 리 밖까지 바라보고자 다시 누각을 한 층 더 오르네.

당나라 시인 왕지환王之渙이 쓴 시 등관작루登鸛雀樓, 〈관작루에 올라〉의 한 구절이다. 관작루는 중국에서 풍광이 뛰어나기로 유명한 사대 누각 가운데 하나로, 많은 시인이 이곳을 방문해 시를 남겼다. 그중에서 왕지환의 이 시가 가장 유명한데, 다음은 시의 앞부분에 나오는 구절이다.

눈부신 해는 산자락에 기대어 지고

황하는 흘러 바다로 가네.

겉으로 보기에는 아름다운 풍광을 노래한 것이지만 시인은 시에 자신의 포부를 담았다. 조금만 살펴보면 그의 분명한 뜻을 알 수 있다. 저자는 먼저 자연환경의 제한성을 말한다. 드높은 해도 반드시 지고, 드넓은 황하도 바다라는 더 큰 곳으로 흘러간다는 표현이 바로 그것이다. 이처럼 자연도 그렇지만 사람도 자신을 둘러싼 환경에서 자유로울 수 없다. 그러나 환경을 대하는 자세는 사람마다 다르다. 어떤 사람은 환경으로 말미암아 좌절하고 포기하지만 어떤 사람은 환경을 이기고 자신의 꿈을 이루어 나간다. 어려운 환경을 자신의 성공과 도약을 위한 디딤돌로 삼는 것이다.

"천 리 밖까지 바라보고자 다시 누각을 한 층 더 오르네"에서 시인은 비록 처한 상황이 어렵고 힘겹지만 눈앞의 어려움에 연연하지 않겠다는 의지를 보인다. 그리고 더 멀리 보려면 누각을 한 층 더 올라야 하듯이, 자신도 더 큰 꿈을 이루기 위해 한 걸음 한 걸음 나아가겠다는 다짐을 하고 있다.

♦ "배 만드는 법을 가르치지 말고 바다를 꿈꾸게 하라"

살다 보면 누구나 어려운 상황에 맞닥뜨리게 된다. 어린 시절 가졌던 꿈과 이상을 완전히 잊어버릴 만큼 절망적인 상황에 처할 때도 있다. 그러나 중요한 것은 환경이 아니라 자기 자신이다. 환경에 매여 한탄만 할 것이 아니라 그 환경에서 벗어나기 위해 과감하게 도전할 수 있는 용기를 가져야 한다.

마음에 품은 높은 이상을 포기하지 않으려면 자신을 둘러싼 환경의 한계를 벗어나고자 하는 의지가 필요하다. 그리고 한 단계 더 높은 곳을 향해 도전하는 노력을 기울여야 한다. 꿈을 갖는 것도 중요하지만, 그 꿈을 이루기 위해 포기하지 않고 도전하는 것이 더 중요하다.

앙투안 드 생텍쥐페리는 "배를 만들게 하고 싶다면 배 만드는 법을 가르치지 말고 바다를 꿈꾸게 하라"고 말했다. 스스로 크고 광대한 꿈을 꾸는 사람은 그것을 가로막는 작은 문제를 당연히 해결할 수 있다. 소망이 클수록 문제는 작아지는 법이다.

오늘을 희생하지 말고,
내일을 걱정하지 마라

마르쿠스 아우렐리우스의 《명상록》에 나오는 글이다.

> 당신이 3천 년이나 3만 년까지 산다고 해도 사람이 잃을 수 있는 유일한 생명은 바로 지금 살고 있는 생명임을 기억하라. (…) 누구든 사람이 빼앗길 수 있는 유일한 것은 현재이기 때문이다. 이것이 그가 가진 전부다. 아무도 자신의 것이 아닌 것은 잃을 수 없다.

'카르페 디엠Carpe Diem'이라는 말을 들어봤을 것이다. 한때 유행했던 말로 흔히 방만하고 자유로운 삶의 방식으로 알려져 있지만 진짜 뜻은 그렇지 않다. 카르페 디엠은 라틴어로, 로마의 시인 호라티우스가 쓴 농사에 관련된 시에 실린 구절이다. 시의 마지막 구절에 나오는데, "오늘을 붙잡게, 내일이라는 말은 최소한만 믿고"로 해석된다. 한 해의 농사를 끝내고 그동안 땀 흘린 대가로 수확하는 기쁨을 마음껏 누리라는 말이다. 오늘만큼은 내일의 걱정도 하지 말고, 내일을 위해 오늘을 희생하지도 말라는 것이다.

♦ 시간에 대한 통찰력

현명한 철학자들은 모두 시간에 대한 통찰력을 가졌다. 사람의 삶과 죽음 사이에 있는 시간이 철학의 가장 중요한 대상이었기 때문이다. 소크라테스가 다가올 죽음 앞에서 두려워하지 않고 진리를 추구했던 것도 이런 지혜가 있었기 때문이다. 스티브 잡스가 스탠퍼드대학교 졸업 축사에서 "죽음은 인간의 가장 위대한 발명이다"라고 말했던 것도 시간의 유한성에 대한 통찰이라고 할 수 있다.

시간에 대한 통찰력을 갖는다는 것은 사람들에게 학문과 진리를 추구하는 것 외에도 큰 이점이 있다. 바로 부를 얻을 수 있게 해준다. 다음은 아리스토텔레스가《정치학》에서 소개한 철학자 탈레스의 돈을 버는 방법이다.

> 그는 가난하다고 비난받았는데, 아마도 철학이 무용지물이라는 것을 보여주기 위

함이었으리라. 천문학에 밝던 그는 이듬해에 올리브 농사가 대풍이 들 것을 예견하고, 아직 겨울인데도 갖고 있던 얼마 안 되는 돈을 보증금으로 걸고 키오스와 밀레토스에 있는 올리브유 짜는 모든 기구를 싼값에 임차했다. 그 뒤 올리브 수확 철이 되어 올리브유 짜는 기계가 한꺼번에 많이 필요해지자 그는 임차해 둔 기구들을 비싼 값에 임대하여 큰돈을 벌었다. 그는 원하기만 하면 철학자도 쉽게 부자가 될 수 있지만 단지 그것이 그들의 관심사가 아니라는 것을 세상 사람에게 보여주었다.

지금도 마찬가지지만 그 당시의 사람들도 철학자를 무능하고 현실감각이 없는 사람으로 보았다. 탈레스가 하늘을 쳐다보느라 웅덩이에 빠졌던 일화를 이야기하며, 무용지물과 같은 학문을 하느라 시간을 허비하는 사람이라고 여겼다. 그리고 쓸데없는 짓을 하느라 시간을 낭비하고 있으니 가난할 수밖에 없다고 비웃었다. 탈레스는 사람들의 이런 인식이 잘못됐음을 가장 확실한 방법으로 증명해 보였다. 짧은 시간에 직접 큰돈을 벌어 보인 것이다.

사람들은 탈레스가 남다른 지혜를 가졌기에 이런 발상을 할 수 있다고 생각했다. 그러나 이 일화를 소개한 아리스토텔레스는 누구나 이런 생각을 할 수 있다고 주장했다. 그 당시 많이 사용되던 '독점'의 원리를 이용한 것으로, 누구든지 조금만 주의를 기울이면 생각할 수 있다는 것이다. 실제로 그 당시 국가들은 돈이 궁하면 이 원리를 사용했는데, 사람들은 미처 이런 생각을 하지 못했다.

♦ 미래를 바꾸는 방법

아리스토텔레스는 이것을 '독점'의 개념이라고 말했지만, 이것은 지식과 시간의 이용법이라고 할 수도 있다. 그 어떤 부자도, 높은 지위를 가진 사람도, 대단한 능력을 지닌 사람도, 남다른 지혜를 가진 사람도 남보다 더 많은 시간을 가질 수 없다. 그 시간을 이용할 줄 아는 사람은 어떤 상황에서도 자신이 원하는 바를 이룰 수 있다. 부자가 되기를 원한다면 환경과 상황을 탓할 것이 아니라 지식과 그 지식을 활용할 지혜를 갖춰야 한다. 그리고 누구에게나 공평한 시간을 수단으로 삼으면 된다.

지식과 시간은 누구나 가질 수 있는 부의 밑거름이다. 단지 부에 대해 어떤 가치관을 갖느냐에 따라 달라질 뿐이다. 부보다 더 소중한 삶의 가치가 있다면 당연히 그것을 따르면 된다. 그러나 무엇을 추구하더라도 시간은 똑같은 효용을 가진다.

마찬가지로 어린아이에게도 시간은 소중하다. 아니, 더 중요하다고 표현하는 게 맞을 것이다. 어린 시절 어떻게 시간을 보내느냐에 따라 미래가 달라지기 때문이다. 따라서 많은 고전에서 시간의 중요성에 대한 가르침을 주고 있다.

♦ 자녀에게 '지금'을 돌려주자

제갈량은 아들에게 보내는 편지 〈계자서〉에서 "나이는 시간과 함께 달려가고, 뜻은 하루하루 사라져 간다"라고 말했다. 주어진 시간에 마땅히 해야 할 일을 하지 않으면 헛되이 나이만 먹고 가졌던 뜻도 함께 사라진다는 통렬한 가르침이다. 동진시대의 시인 도연명陶淵明은 〈잡시〉에서 "젊은 시절은 두 번 오지 않고, 하루에 아침을 두 번 맞지 못한다. 좋은 때를 잃어버리지 말고 마땅히 힘써야 하리니 세월은 사람을 기다려주지 않는다"라고 노래했다. 젊은 시절은 돌이킬 수 없고 시간은 사람을 기다려주지 않는다. 반드시 사람이 시간을 붙잡아 유용하게 사용해야 한다.

어린아이들은 시간이 풍족하므로 그 소중함을 느끼지 못한다. 그리고 시간의 의미와 개념도 이해하지 못한다. 따라서 부모는 자녀에게 "오늘 하루를 어떻게 의미 있게 보낼까"라는 물음을 통해 시간 활용의 지혜를 심어주어야 한다. 오늘 하루가 쌓여 한 주가 되고, 한 달이 되고, 일 년이 되는 소중한 섭리를 깨우쳐주어야 한다. 흘러간 시간은 결코 붙잡을 수도, 되돌릴 수도 없다는 시간의 이치를 분명하게 알려주어야 한다. 시간은 누구에게나 공평하지만, 자신에게 주어진 시간에 무엇을 쌓아 나가느냐는 각자의 선택이다. 그리고 그 시간에 어떤 결실을 맺느냐 하는 것도 천차만별이다. 따라서 어린아이들에게 자신이 무심코 보내는 시간이 인생에서 어떤 뜻을 담고 있는지 알려주는 것은 부모의 중요한 역할이다. 일생에서 가장 소중하면서 두 번 다시 오지 않는 시간, 오롯이 자녀에게 돌려주어야 한다.

내 아이의 '창조하는 뇌'를 키워주는 방법

블레즈 파스칼은 《팡세》에서 "인간은 생각하는 갈대다"라는 유명한 말을 남겼다. 작고 연약한 인간이 존엄한 존재가 될 수 있는 것은 바로 사유, 즉 생각할 수 있기 때문이라는 것이다. 다음은 《팡세》에 나오는 글이다.

> 인간은 자연에서 가장 연약한 한 줄기 갈대일 뿐이다. 그러나 인간은 생각하는 갈대다. 그를 박살 내기 위해 온 우주가 무장할 필요는 없다. 한 번 뿜은 증기, 한 방울의 물이면 그를 죽이기에 충분하다. 그러나 우주가 그를 박살 낸다고 해도 인간은 그를 죽이는 것보다 더 고귀하다. 인간은 자기가 죽는다는 것을, 우주가 자

기보다 우월하다는 것을 알기 때문이다. 그러므로 우리의 모든 존엄성은 사유로 이루어져 있다. 우리가 스스로를 높여야 하는 것은 여기서부터이지, 우리 자신이 채울 수 없는 공간과 시간에서가 아니다. 그러므로 올바르게 사유하도록 힘쓰자. 이것이 곧 도덕의 원리다.

동양 철학에서도 인간의 존엄성에 대해 언급하고 있는데, 삼재사상三才思想이 바로 그것이다. 삼재사상에서 재才는 재능만이 아니라 기본, 근본의 뜻을 가진다. 맨 위의 획은 하늘, 아래 획은 땅이며, 가운데 획은 사람을 상징한다. 하늘과 땅 사이에 사람이 있어 함께 온 천하를 조화롭게 만든다는 것이다. 하늘과 땅과 함께 사람이 가장 중요한 존재라는 것인데, 그 이유도 사람은 생각할 수 있기 때문이다.

♦ 사람이 생각해야 할 아홉 가지

사람은 생각할 수 있기에 존귀하다는 사상은 동서양 철학이 일맥상통한다. 생각을 통해 인간은 자신의 한계와 미약함을 알게 되고, 스스로 올바른 도덕성을 지켜 나갈 수 있기에 소중하다는 것이다.

유교의 시조인 공자도 생각에 대해 많은 가르침을 주었는데, 훨씬 현실적이고 실천적이다. 다음은《논어》〈계씨〉에 실린 글이다.

군자에게는 생각해야 할 아홉 가지가 있다. 볼 때는 명확하게 보려고 생각하고,

들을 때는 또렷하게 들으려고 생각한다. 얼굴빛은 온화하게 할 것을 생각하고, 용모는 공손하게 할 것을 생각한다. 말은 진실하게 할 것을 생각하며, 일은 충실하게 해야 할 것을 생각한다. 의문이 있을 때는 질문할 것을 생각한다. 화가 날 때는 나중에 어려워질 것을 생각한다. 또한 이득이 되는 일을 볼 때는 의로운지를 생각한다.

보고, 듣고, 말하고, 행동하는 것은 사람의 거의 모든 활동이라고 할 수 있다. 그런데 이를 행하기 전에 반드시 생각의 과정을 거쳐야 한다는 것이다. 하나하나 살펴보면 이렇다.

먼저 보는 것, 듣는 것은 밝고 올바른 것을 보고 들으려고 해야 한다. 사람은 보고 듣는 것으로 이루어지는 존재이며, 말하고 행동하는 것으로 자신을 드러낸다. 따라서 나쁜 것을 골라 가려내야 하고 사사로운 생각으로 판단해서는 안 된다.

얼굴빛과 용모, 말은 사람들에게 보여지는 모습이다. 이때는 예의 바르고 정돈되어 있으며 진실함을 바탕으로 해야 한다.

충실함과 질문하는 태도는 일에 임하는 자세를 말한다. 누구라도 자신에게 맡겨진 일을 충실하게 해내야 하고, 일에서 능력을 발휘할 수 있어야 한다. 배우는 과정에 있거나 사회에 나와서도 마찬가지다. 어떤 일을 하든지 대충 넘어가려는 태도로는 일을 제대로 해낼 수가 없다.

화가 날 때 나중에 어떤 어려움이 닥칠지 생각하라는 것은 감정을 다스리는 방법이다. 희로애락애오구喜怒哀樂愛惡懼의 칠정, 즉 일곱 가지 감정 가운데서 가장 다스리기 어려운 것이 분노다. 순간적으로 일어나고 가장 폭발적이기 때문이다. 그리고 화는 자신뿐 아니라 다른 사람에게 해를 끼치게 된다. 그에 따른 문제와 어려움은 모두 화를 주체하지 못한 사람이 짊어져야 한다.

마지막으로 견득사의見得思義는 재물을 대하는 자세다. 재물을 구할 때는 반드시 그 수단과 절차가 정당한지 생각할 수 있어야 한다. 오직 재물을 구하는 데만 집중한다면 불의한 수단과 방법을 쓰게 되고, 부당하게 쌓은 재물은 무너지게 마련이다.

♦ 배우고 생각하는 힘을 반드시 길러야

이외에도 공자는 《논어》에서 생각에 대해 많은 이야기를 하고 있다. 그중 〈위정〉에 실린 구절은 배우는 학생에게 가장 절실한 가르침이다.

"배우기만 하고 생각하지 않으면 막연해지고, 생각만 하고 배우지 않으면 위태로워진다."

학문의 방법에서 배움學과 함께 중요한 축을 이루는 것이 바로 생각思이다. 진정한 학문은 단순히 지식을 습득하는 데 그쳐서는 안 되며, 반드시 생각이라는 과정을 거쳐 명확한 뜻을 이해하고 자기 삶에 적용하는 실천의 단계로 나아가야 한다. 배우기만 하고 생각하지 않으면 지식은 많으나 그 지식을 제대로 쓰지 못하는 꽉 막힌 사람이 된다. 또한 생각만 하고 배움이 없으면 잔재주만 부리는 사람이 되고 만다.

매사에 생각하라는 가르침에서 오해하지 말아야 할 것은 돌아가거나 느리게 함이 아니라는 것이다. 생각한다는 것은 매사에 여유 있고 자세히 살피는 자세를 말한다. 신중하게 처리하고 세밀하게 살펴서 일은 물론 생활에서도 차질이 없게 하라는 것이다. 특히 큰 사고와 모든 문제는 생각 없이 급하게 일을 진행했을 때 발생한다. 따라서 중요한 일일수록 반드시 한 번 더 생각하는 신중함이 필요하다. 또한 어떤 일을 하든지 간에 시작하기 전 그 일이 올바른지를 먼저 생각해야 한다. 아무리 하고 싶은 일이라고 해도 옳지 않다는 생각이 들면 멈추는 결단을 내려야 한다.

이런 자세는 어린 시절 몸에 익혀두어야만 어른이 되어서도 자연스럽게 행할 수 있다. 사실 아이들은 감정에 솔직하고 즉흥적이라서 모든 일에 생각의 과정을 거치라고 요구하는 것이 쉽지 않다. 생각하라는 것을 잘 이해하지 못할 수도 있고, 설사 이해한다고 해도 바르게 실천하기는 더욱 어렵다.

이때 한 가지 방법이 있다. 평소 자녀와 대화하고 토론하는 시간을 많이 갖는 것이다. 토론의 주제는 학교 공부를 비롯해 함께 읽었던 책의 내용, 생활과 관련한 어떤 것이라도 좋다. 자기 생각을 말하고, 상대의 생각을 듣고, 함께 해결책을 찾는 가운데 자연스럽게 생각의 힘이 자라나게 될 것이다.

첨단 AI시대인 오늘날 생각하는 힘은 반드시 필요하다. 지식과 관련해서는 이미 첨단기술이 사람의 능력을 넘어섰다. 따라서 기계가 할 수 없는 능력, 주어진 지식을 선별하고 판단하고 비판하고 문제를 해결할 수 있는 능력을 키워야 한다. 그리고 창의적 결과를 만들어낼 수 있어야 한다. 이 모든 능력의 바탕이 되는 것이 생각이다. 생각할 줄 아는 어린아이는 자신의 소중함을 아는 품격 있는 사람, 자존감이 높은 사람으로 성장한다. 세상은 이런 사람을 함부로 대하지 못한다.

Part 5

서이행지 恕而行之

자신을 사랑하는 아이가 타인도 사랑할 수 있다

"나는 내가 좋아"라고 말하는 아이로 키워라

동양 철학의 뿌리인 《논어》에 담긴 핵심 사상은 바로 인의 정신이다. '인'에 대해 공자 자신도 명확하게 정의하지 않아서 제자들이 '인'을 묻는 장면이 《논어》에 여러 차례 나온다. 그러나 그때마다 공자의 대답은 달랐다. 이는 제자의 수준과 성향에 따라 가장 적합한 가르침을 주는 공자의 교육 방법과도 연관이 있다.

말이 거칠고 조급한 성향을 가진 사마우司馬牛가 '인'에 대해 묻자 공자는 "인한 사람은 말을 조심한다"라고 가르쳤다. 정치에 조예가 깊은 중궁仲弓에게는 "언제나 공손하게 처신해서 집안은 물론 나라에서도 원망하는 사람이 없도록 해야 한다"라고 가르쳤다. 가장 학문이 깊은 수제자로 안회라고도 불린 안연顔淵에게는 "극기복례克己復禮, 즉 자기를 이겨내고 예를 회복하는 것이다"라는 심오한 이치를 가르쳐준다.

제자들 가운데서 어리석은 축에 속하는 번지樊遲에게는 "평소에는 공손하고, 일할 때는 경건하며, 남과 어울릴 때는 진심으로 대해야 한다"고 가르친 뒤 이런 자세는 어디를 가든지 버려서는 안 된다고 당부했다. 가장 구체적이면서도 실천적인 가르침을 준 것이다. 번지가 다시 '인'에 대해 묻자 공자는 한마디로 정리해준다. "인은 사람을 사랑하는 것이다(애인愛人)." 인은 거창한 무엇인가가 아니라 바로 곁에 있는 사람을 사랑하는 것에서 시작된다고 말한다. 부모와 자식 간의 사랑이 기본이다. 그 사랑이 형제, 이웃, 나라로 점차 퍼져 나갈 때 세상은 평안하고 아름다울 수 있다.

♦ 자신을 바르게 하고, 다른 사람을 배려하는 아이

다산 정약용은 인에 대해 다음과 같이 풀어주었다.

"두 사람二人이 바로 인仁이 된다. 아버지를 효도로 섬기는 것이 인이고, 형을 공손으로 섬기는 것이 인이고, 임금을 충성으로 섬기는 것이 인이고, 벗과 신의로 사귀는 것이 인이고, 백성을 사랑으로 섬기는 것이 인이다. (…) 인을 행함이 자기에게서 비롯되니 '자기를 이기고 예로 돌아오는 것'이 곧 공문孔門, 공자의 문하의 바른 뜻이다. 정성誠은 배려와 사랑을 성실히 행하는 것이고 공경敬은 예로 돌아오는 것이다."

사랑은 부모와 형제에서 시작되지만, 누구에게나 차별 없이 베풀어야 한다. 진실하고 성실하게, 공경하는 마음으로 베풀어야 한다. 백성도 사랑의 대상에서 예외가 될 수 없다. 다산은 사랑에 신분과 귀천의 차별이 없음을 명확하게 말하고 있다. 그리고 그 시작은 바로 자신이다. 먼저 자신을 바르게 하고, 다른 사람을 배려하는 것, 즉 '극기복례'가 인의 정신이다. 자신이 바르지 않은 사람, 자신을 사랑하지 않는 사람이 다른 사람을 사랑하고 배려하기는 어렵기 때문이다.《순자》와《공자가어》에 실린 고사가 그것을 잘 말해준다.

공자가 자로에게 "유由, 자로의 이름야. 지혜로운 사람은 어떠하고, 어진 사람은 어떠하냐?"라고 물었다. 그러자 자로는 "지혜로운 사람은 사람들이 자기를 알게 하고, 어진 사람은 사람들이 자기를 사랑하게 합니다"라고 대답했다. 같은 질문을 또 다른 제자 자공에게 하자 그는 "지혜로운 사람은 다른 사람을 알고, 어진 사람은 다른 사람을 사랑합니다"라고 대답했다. 수제자 안연에게 같은 질문을 또다시 하자 그는 "지혜로운 사람은 자신을 알고, 어진 사람은 자신을 사랑합니다"라고 대답했다.

이들의 대답에 대해 공자는 자로에게 "선비답다士"라고 말했으며, 자공에게는 군자君子, 안연에게는 명철한 군자明君子라고 칭했다. 자신을 알고 자신을 사랑하는 사람이 가장 뛰어난 군자라는 것이다. 공자는 사람에게 사랑받는 것보다, 다른 사람을 사랑하는 것보다, 자신을 사랑하는 것이 먼저이고 가장 높은 차원의 사랑이라고 말한다.

♦ 사랑의 근본은 '나'를 사랑하는 것

물론 다른 사람에게 사랑받는 것도, 다른 사람을 사랑하는 것도 모두 귀중하다. 그러나 이 모든 것의 근본은 자신을 사랑하는 것이다. 자신을 사랑하지 않는 사람이 다른 사람을 사랑한다면 그것은 진정한 사랑이 아닐 수 있기 때문이다. 허영, 연민, 동정, 일시적인 감정을 사랑으로 착각하는 경우도 많다. 시간이 지나면 쉽게 변하는 사랑이 아니라 언제나 변하지 않는 사랑은 바로 자신을 사랑하는 것을 근본으로 한다. 또한 그것은 자신을 아는 것을 기본으로 한다. 공자가 아는 것과 사랑하는 것을 함께 질문한 것이 그 사실을 잘 말해준다.

자신을 안다는 것은 자신의 상황을 정확히 파악하고 있음을 뜻한다. 자신이 원하는 사람, 이상적인 사람이 되기 위해 무엇을 해야 할지 알고, 그것을 위해 노력해야 한다. 그때 필요한 것이 바로 겸손이다. 덧붙여 자신의 현재를 정확하게 보는 솔직함이 있어야 한다. 자신의 부족함을 정확하게 보고, 그것을 개선하고 변화시키고 발전시키려는 사람은 노력을 아끼지 않는다. 아무것도 없으면서 터무니없이 자신을 높이며 자존심을 내세우는 것이 아니라 자신의 부족함을 알고 날마다 채워 나갈 때 하루하루 달라지는 자신을 만들어낼 수 있다. 이것이 바로 자신의 가치를 높이는 길이고, 자신을 사랑하는 진정한 방법이다. 이를 이해한 후에야 다른 사람을 진정으로 사랑하는 '사랑'의 사람이 될 수 있다.

♦ 아이는 부모에게 사랑을 배운다

사랑을 배우는 것은 부모와의 관계에서 시작된다. 부모에게서 사랑을 듬뿍 받고, 자신의 소중함을 깊이 깨닫고, 사랑의 의미를 배운 자녀는 사랑을 베푸는 사람이 될 수 있다. 이를 위해 부모도 자신을 사랑해야 한다. 그 사랑을 기반으로 자녀를 사랑한다면 진정한 자녀 사랑이 되고, 자녀도 사랑의 사람이 될 수 있다. 더불어 언제 어디서나 흔들리지 않는 굳건한 주체성을 가진 사람이 될 수 있다.

자신을 사랑하는 사람은 자기 삶의 의미와 가치를 높이기 위해 노력을 아끼지 않는다. 더 나은 미래, 더 높은 이상을 추구하기 위해 쉬지 않고 노력하는, 진정한 자존감을 가진 사람이 된다.

맹자는 "사랑은 곧 사람이다. 사람과 사랑이 합해지면 그것이 바로 도다"라고 사랑을 정의했다. 사람은 누구나 '사랑' 그 자체다.

마음의 눈으로 세상을 보게 하라

'극기복례'는 《논어》 〈안연〉에 실려 있는데, 그 전문은 이렇다.

안연이 '인'에 대해 묻자 공자는 "자기를 이겨내고 예를 회복하는 것이다. 하루만이라도 극기복례를 할 수 있다면 천하가 인에 귀의할 것이다. 인을 실천하는 것이 자신에게 달린 것이지 다른 사람에게 달렸겠느냐"라고 대답했다. 안연이 "그 구체적인 방법을 알려주십시오"라고 하자 공자는 "예가 아니면 보지 말고, 예가 아니면 듣지 말고, 예가 아니면 말하지 말고, 예가 아니면 행동하지 말아야 한다"라고 대답했다. 이에 안연은 "비록 제가 총명하지 못하지만 이 말씀을 잘 새겨 실천하겠습니다"라고 말했다.

수제자 안연이 '인', 즉 사랑이 무엇인지 묻자 공자는 극기복례를 말해준다. 자신을 바로 세우고, 다른 사람에게 예의를 차리는 배려의 정신을 회복하는 것이 곧 '인'이라는 것이다. 그러자 안연은 그것을 어떻게 실생활에서 실천할 수 있는지 구체적인 실천 방법을 물었다. 제자의 이 질문에 공자는 예가 아니면 말과 행동은 물론 보지도 듣지도 말라고 일러준다. 보고 듣고 말하고 행동하는 것은 사람의 모든 활동을 망라한 것이다.

♦ 책임을 남에게 돌리지 않아야

공자와 그 수제자 안연처럼 높은 경지에 이른 사람이 아니면 모든 것을 예에 따라 행하라는 말은 실천하기가 불가능한 일처럼 느껴질 수도 있다. 그러나 앞에 나온 고사를 잘 살펴보면 공자는 우리가 적용할 수 있는 여지를 준다.

먼저 "단 하루만이라도 실천하라"는 말이다. 비록 삶의 모든 순간에 적용하기는 어렵겠지만, 하루하루 실천하려고 노력한다면 그것으로 충분하다는 것이다. 그다음은 "자신에게 달렸다"는 구절이다. 다른 사람이 아니라 '나' 자신이 실천하는 정신을 가지면 된다. 특히 사람과의 관계에서 다른 사람에게 책임을 돌리지 않는 것이 '사랑'을 실천하는 기본이다. 먼저 베풀고 배려할 때 사랑은 반드시 돌아온다. 다산은 《논어고금주》에서 다음과 같이 해석했다.

"만약 내가 스스로 닦는다면(극기복례를 한다면) 사람들 모두가 인으로 귀의할 것이다"라고 했다. 부자, 형제, 부부, 군신에서부터 천하 만민에 이르기까지 어느 한 사람도 인한 사람에게 감화되어 인으로 돌아가지 않음이 없게 됨으로써 인이 온 세상에 이루어지게 될 것이다. 원래 두 사람이 인仁이 된다인은 둘 이二와 사람 인人으로 구성된 글자다. 그러므로 인을 구하는 자는 스스로 구하는 것 외에 남에게도 구해야 한다. 공자는 이를 분별하여 밝히기를 "스스로 닦는다면 백성이 복종하는 것이니, 이렇게 해야 인이 된다"고 했다. 둘 다 본분을 다해야 하는 것이니 어찌 남으로부터 말미암겠는가.

그 어떤 관계든 상대가 있고, 좋은 관계를 이루기 위해서는 반드시 두 사람 다 충실해야 한다. 그 시작은 바로 나 자신이다. "너부터 변해야 한다"라고 고집을 부린다면 결코 좋은 관계를 맺을 수 없다. 모든 사람이 이런 정신으로 충실하게 생활할 때 온 세상이 변할 수 있다. 앞에 나온 고사가 어렵다면 《논어》 〈위령공〉에 실린 좀 더 쉬운 고사가 있다.

제자 자공이 스승에게 "한마디 말로 평생토록 실천할 만한 것이 있습니까?"라고 묻자 공자가 대답했다. "그것은 서恕다. 내가 원하지 않는 것을 남에게 하지 않는 것이다(기소불욕물시어인己所不欲勿施於人)."

서는 같을 여如와 마음 심心으로 이루어진 글자로 '마음을 같이하다'라는 뜻이다. 배려나 공감 등으로 해석될 수 있는데, 인을 이루기 위한 실천 덕목이다. 이를 쉽게 풀이한 글이 "자신이 원하지 않는 것을 남에게 하지 않는다"이다. 즉 자신이 받기 싫은 대우를 상대에게 베풀지 않고, 자신이 받고 싶은 대로 상대를 대접하는 것이다. 그러나 이 말은 일방적으로 양보하라는 뜻이 아니다. 앞서 다산이 말한 대로 상대방도 같은 마음으로 '나'를 대할 때라야 좋은 관계를 맺을 수 있다. 단지 내가 할 일은 남이 어떻게 하는지를 가늠하지 않고 나 자신이 먼저 실천하는 것이다.

♦ 황금률의 진짜 의미

서의 정신은 동양뿐 아니라 서양에서도 중요한 덕목이다. 서양 문화와 철학의 뿌리라고 할 수 있는《성경》에 보면 "남에게 대접을 받고자 하는 대로 너희도 남을 대접하라"는 말씀이 나온다. 3세기경 로마 황제 세베루스 알렉산데르가 이 문장을 금으로 써서 벽에 걸어두고 계속 마음에 새겨 '황금률golden rule'이라고도 전해진다. 황금률은 윤리와 도덕, 사람과의 관계에서 지켜야 할 가장 소중한 가르침이라는 뜻이다.

이처럼 시대와 지역에 상관없이 거듭 강조한다는 것은 그만큼 중요한 덕목이지만 쉽게 실천하기 어렵다는 것을 말해준다. 이것을 잘 말해주는 고사가《논어》〈공야장〉에 실려 있다.

제자 자공이 "저는 남이 제게 하지 않았으면 하는 일을 남에게 하지 않으려고 합니다"라고 말하자 공자는 "사賜, 자공의 이름야, 그것은 네가 쉽게 해낼 수 있는 일이 아니다"라고 대답했다.

자공은 예전에 스승이 가르쳤던 말을 잘 기억하고 그것을 열심히 따르겠다는 각오를 말했다. 하지만 공자는 그것이 쉽게 해낼 수 있는 일이 아니라고 잘라 말했다. 자공처럼 높은 경지에 오른 사람도 쉽게 행하기 어려운 것이 바로 서의 정신이다.

대인관계의 큰 원칙은 《논어》를 비롯해 많은 고전에 실려 있다. 다른 사람의 입장이 되어 보는 '역지사지易地思之', 자기 마음의 잣대로 다른 사람의 심정을 가늠하는 '혈구지도絜矩之道', 자기 처지로 미루어 다른 사람을 생각하는 '추기급인推己及人' 등의 성어 모두 미묘한 차이는 있지만 같은 뜻이다.

♦ 마음의 눈을 뜨게 하는 문학 독서

사람들은 누구나 자기 위주로 생각하는 것에 익숙하다. 어려운 심리학 이론을 말하지 않더라도, 다른 사람의 입장에서 생각한다는 것은 결코 쉬운 일이 아니다. 어린아이는 더욱 그렇다. 어린아이가 집이나 공공장소에서 막무가내로 떼를 쓰는 것은 상대의 입장에서 생각하는 것이 미숙하기 때문이다. 따라서 사랑을 실천하는 사람으로 자녀를 키우려면 어린 시절부터 역지사지의 능력을 길러주어야 한다.

문학을 접하게 하면 다른 사람의 입장에서 생각하는 역지사지의 능력을 키우는 데 도움이 된다. 문학에 등장하는 다양한 인물에게 감정이입을 하면서 다른 사람의 입장에서 생각해 보는 힘이 자라게 된다. 문학을 가까이하면 이외에도 중요한 이점이 있다. 세상을 보는 안목이 넓어지고, 글과 문장을 다루는 능력이 좋아진다. 살아가면서 가장 필요한 능력을 얻게 되는 것이다.

'내가 원하지 않는 것을 남에게 하지 않는 사람', '남에게 대접을 받고자 하는 대로 남을 대접하는 사람'은 저절로 되는 것이 아니다. 어린 시절부터 부모의 사랑을 듬뿍 받고, 사랑을 알고 베풀도록 양육된 사람이 사랑을 실천하는 사람이 된다. 사랑, 가장 가볍고 부드러운 말이지만 그 무게는 실로 무겁다. 사랑을 베푸는 사람은 온유하지만 가장 단단한 사람이다.

사람을 좇기보다 사람이 모이게 만들어야

"군자가 신중하지 않으면 위엄이 없고, 배워도 견고하지 않게 된다. 충실과 신의를 중시하고, 자기보다 못한 자를 벗으로 사귀지 말며, 잘못이 있으면 고치기를 꺼리지 말아야 한다."

학문과 수양을 추구하는 군자가 취해야 할 바른 자세를 말해주는 좋은 글이다. 그런데 여기에 논란이 될 만한 구절이 있다. 원문으로는 '무우불여기자無友不如己者'인데, "자기보다 못한 자를 벗으로 사귀지 말라"는 것이다. 배타적인 인간관계를 조장하는 글로 지탄받기도 하는 이 구절의 내용은 모순적이다. 나보다 나은 사람만을 벗으로 삼고자 한다면, 나보다 나은 사람도 저보다 못한 나를 벗으로 삼지 않을 것이기 때문이다.

많은 부모가 자녀에게 "너보다 공부 잘하는 친구를 사귀어라"고 하며 이 글과 비슷한 말을 한 경험이 있을 것이다. 좋은 친구를 사귀기 바라는 마음은 충분히 이해된다. 사실 자녀에게 이런 말을 한 것이 잘못은 아니지만 고전이 말하는 친구의 의미를 분명히 알고 말하는 것이 좋겠다. 진정한 친구는 단지 공부에 도움이 되는 사람이 아니라 함께 올바른 도리로 나아갈 수 있는 사람을 말한다.

♦ "너보다 공부 잘하는 친구야?"

"함께 배울 수는 있어도 함께 도로 나아갈 수는 없고, 함께 도에 나아갈 수는 있어도 함께 설 수는 없으며, 함께 설 수는 있어도 가치관이 같을 수는 없다."

《논어》〈자한〉에 실린 글이 핵심을 찌른다. 공부에 뛰어나다고 해서 그가 반드시 올바른 도리를 가진 사람이라고 말할 수는 없다. 그리고 주관이 뚜렷한 주체적인 사람이 되기는 더욱 어렵다.

따라서 진정한 친구는 단순히 공부를 잘하는 사람이 아니라 매사에 충실하고 옳고 그름에 대해 분명한 주관을 갖고 실천할 수 있는 사람이다. 이런 친구와 교제하는 습관은 어릴 때부터 몸에 익히는 것이 좋다.《안씨가훈》에는 다음과 같은 글이 실려 있다.

사람이 어릴 때는 정신과 감정이 아직 확립되지 않아서 친한 사람에게 감화되어 말투와 동작 하나하나를 배우려고 하지 않아도 은연중에 닮아가게 된다. 더구나 품행品行, 품성과 행실과 예능藝能, 재주와 기능처럼 분명히 배울 수 있는 것은 더더욱 그러하다. 그러므로 선량한 사람과 함께 지낸다는 것은 난초가 있는 향기로운 방에 들어가는 것과 같아서 오래되면 자신도 향기롭게 된다. 악한 사람과 함께 지내면 마치 절인 생선을 파는 것과 같아서 오래되면 자신도 악취를 풍기게 된다. "묵자墨子가 실을 염색하는 것을 보고 슬퍼했다"는 이야기는 이 같은 사실을 말한 것이다. 그러므로 군자는 반드시 교우관계에 신중해야 한다.

"묵자가 실을 염색하는 것을 보고 슬퍼했다"는 말은《묵자》〈소염〉에 나온 글이다. 순결한 흰색의 실은 무엇으로 염색하느냐에 따라 다른 색으로 바뀐다. 이는 사람이 어떤 영향을 받느냐에 따라 쉽게 물들 수 있음을 비유한 것이다. 좋은 사람과 사귀면 좋은 영향을 받아 좋게 바뀌고, 나쁜 사람과 함께하면 나쁜 영향을 받아 나쁘게 물들 수밖에 없다.

♦ 유익한 친구 VS 해로운 친구

《논어》〈계씨〉에서는 유익한 친구와 해로운 친구를 이렇게 말한다.

"유익한 벗이 셋 있고 해로운 벗이 셋 있다. 곧은 사람, 신의가 있는 사람, 견문이 넓은 사람과 벗하면 유익하다. 아부하는 사람, 줏대 없는 사람, 말만 잘하는 사람과 벗하면 해롭다."

곧은 사람은 정직하고 강직하다. 거짓말하지 않고 때와 상황에 따라 쉽게 바뀌지 않는다. 자기 스스로가 잘못된 길로 가지 않는 만큼 친구도 나쁜 길로 이끌지 않는다. 신의가 있는 사람은 진실하고 믿음직하다. 반드시 약속을 지키고 책임감이 있어서 솔선수범한다. 견문이 넓은 사람은 지식과 경험이 많다. 풍부한 식견을 바탕으로 문제가 생겨도 당황하지 않고 해결책을 내놓으며, 재미있는 이야기와 창의적 발상으로 분위기를 밝게 이끈다. 함께 있으면 많은 것을 얻을 수 있는 벗이다.

해로운 벗은 주로 '말'에 문제가 있는 사람이다. 《논어》의 맨 마지막 문장은 "말을 알지 못하면 사람을 알지 못한다"이다. 그 사람의 말이 곧 그 사람 자체를 말해준다는 것이다. 여기서 공자는 주로 말에 흠결이 있는 사람을 멀리해야 할 벗이라고 말한다. 말에 진실성이 없고, 말이 번드르르한 사람은 절대 믿을 수 없기 때문이다. 이는 믿을 신信의 한자가 사람人과 말言이 합쳐진 것에서 알 수 있다. 말이 진실하지 않은 사람은 곧 그 사람 자체가 진실하지 않다.

♦ 또 하나의 손이 되어줄 존재

좋은 친구를 사귀는 것은 쉬운 일이 아니다. 좋은 친구를 만나기도 어렵지만, 그와 친해지는 것도 쉽지 않다. 그래서 좋은 사람이 모인 곳에 몸담아야 하고, 좋은 친구를 가까이하기 위한 노력을 아끼지 않아야 한다. 가장 좋은 방법은 나 자신이 사귀고 싶은 사람이 되는 것이다. 내가 좋은 사람이 될 때 주위에 좋은 사람이 모여든다. 유유상종類類相從, "모든 무리는 비슷한 것끼리 모인다"는 말이 괜히 있는 것이 아니다. 일단 좋은 친구를 사귀게 되면 그 혜택은 실로 엄청나다.

벗 우友 자는 손 수手와 또 우又가 합쳐진 글자다. '또 하나의 손'이 되어 나를 돕는 사람이 바로 친구다. 그리스 철학자 제논은 "친구는 또 하나의 자아다"라고 말했다. 모든 것을 아낌없이 함께 나누는 친구는 자기 자신과 같은 존재라는 뜻이다.

인생은 언제나 한 번도 경험해 보지 못한 새로운 길을 걷는 것이다. 부모가 자녀의 가는 길에 언제까지 함께할 수는 없다. 이때 자녀의 곁에 또 하나의 자신이 될 수 있는 친구가 있다면 얼마나 든든하겠는가. 따라서 부모도 친구에 대한 관점을 바꿔야 한다. 자기 자녀보다 공부 잘하는 친구가 아니라 진실하고 신의 있는 친구가 좋은 친구다. 오로지 성적이나 가정환경 등 외적 요인만으로 판단한다면 친구 사귐은 제한될 수밖에 없다. 친구를 사귀는 가장 좋은 기준은 이해타산이 아니다. 진실하고 올바르고 같이 공감하고 함께 바른길을 갈 수 있는 사람이 진정한 친구다.

장점은 키우고,
단점은 줄이는 부모의 말

"군자는 다른 사람의 장점을 키워주고 단점은 막아준다. 소인은 그 반대다."

《논어》〈안연〉에 실려 있는 글로, 사람과의 관계에서 지녀야 할 올바른 자세를 말해준다. 수양의 높은 단계에 이른 군자가 취해야 할 자세이므로 그 차원이 높다. 다른 사람의 장점을 키워주는 것도 어렵고, 단점을 막아주는 것도 쉬운 일이 아니기 때문이다. 장점을 키워준다는 것은 그보다 훨씬 높은 단계에 있어야 가능하고, 단점을 막아주는 것도 마찬가지다. 이는 상대를 사심 없이 균형 잡힌 관점에서 볼 수 있어야 가능한 일이다.

그러나 평범한 사람이라고 해도 "그 반대다"라고 말한 소인의 자세를 취해서는 안 된다. 소인은 다른 사람의 장점을 보면 시기하고 질투한다. 그를 끌어내리기 위해 악평을 하고, 다른 사람에게 험담을 늘어놓는다. 다른 사람의 단점을 볼 때도 마찬가지다. 진심으로 걱정하고 고쳐주려고 하는 것이 아니라 은근히 조장한다. 설사 조장하지 않더라도 무관심으로 방관하는 자세를 취하는 경우도 많다. 바르게 이끌고 충고해야 하는 사람이 아무런 행동을 취하지 않는 것은 상대를 더 나쁜 방향으로 빠져들게 하는 것과 같다. 이를테면 도박처럼 나쁜 습관을 가진 사람을 향해 바르게 충고하지 않는다면 그는 점점 더 깊은 수렁에 빠져들게 된다.

이보다 더 나쁜 것이 있는데, 바로 남의 장점을 훔쳐 자기 것으로 삼는 것이다. 예를 들면 표절이나 도용이 그렇다. 표절은 다른 사람의 문장을 자기 것인 양 사용하는 것이고, 도용은 남의 아이디어를 훔쳐 자기 것으로 삼는 것이다.《안씨가훈》에는 이렇게 실려 있다.

> 옛날 사람들은 사람의 식견識見, 학식과 견문은 채용하면서 그 사람 자체를 무시하는 것에 대해 수치로 여겼다. 말 한 마디와 행동 하나라도 남에게서 얻은 것은 모두 밝혀서 그를 칭찬해주어야지, 남의 장점을 훔쳐 자기 것으로 삼아서는 안 된다. 비록 지위가 낮고 신분이 비천한 사람이라고 해도 그의 장점은 반드시 그의 것으로 돌려야 한다. 남의 재물을 훔치면 법에 따라 처벌되고, 남의 장점을 훔치면 귀신에게 벌을 받을 것이다.

안지추의 이 말은 오늘날 우리 세태에서 마음에 굳게 새겨야 할 내용이다. 교수가 제자의 연구 실적을 자기 것으로 삼는다거나 회사에서 부하직원의 기획 아이디어를 가로채는 것은 도둑질보다 더 큰 벌을 받아야 한다. 실적이나 아이디어를 훔치는 것으로 끝나지 않고 권력자의 갑질이 더해진 것이기 때문이다.

♦ 나보다 나은 사람을 만나면 어떻게 해야 할까

다른 사람의 장점을 인정하지 않고, 심지어 훔치기까지 하는 것은 여러 가지 심리적 요인이 있다. 그 대표적인 것이 시기와 질투다. 자신이 가진 것보다 더 좋은 것을 보면 가지고 싶은 마음이 드는 것은 당연하다.

건전한 사람, 발전하는 사람은 그것을 보고 자기 성장을 위한 동력으로 삼는다. 좋은 것을 얻고 높은 차원에 도달하기 위해 더욱 노력하는 동기로 삼는 것이다. 반면 그렇지 못한 사람, 소위 소인이라 불리는 사람은 노력하지 않는다. 더 높은 차원에 도달하기 위해 노력하기보다 다른 사람을 자기 수준으로 끌어내리려고 하거나 다른 사람의 것을 훔친다. 그렇게 하는 것이 더 쉽고 편하기 때문이다. 그러나 결과는 좋지 않다. 그 사람과의 격차가 더 벌어질 뿐 아니라 언젠가는 실력이 드러나 추락하고 만다.

그러면 자신보다 나은 사람, 혹은 자기보다 못한 사람을 만나면 어떻게 해야 할까? 사람은 누구나 사회생활은 물론 학창 시절에도 많은 사람과 더불어 살아야 한다. 이때 동호회나 동아리처럼 주변 사람들을 자신이 선택할 수 있는 상황도 있지만 학급이나 부서처럼 그렇지 못한 경우도 많다. 이때를 위해 고전에서는 답을 일러준다. 다음은《논어》〈술이〉에 실린 글이다.

"세 사람이 길을 가면 반드시 내 스승이 있다. 그중에서 선한 것은 택하여 따르고, 선하지 않은 것은 그것을 보고 자신을 고쳐 나간다."

주자는 이 글을 이렇게 해석했다. "세 사람이 함께 길을 가면 그중에 하나는 나이니 나머지는 두 사람이 된다. 그중 한 사람은 선하고 한 사람은 악한데, 내가 선한 사람의 선을 따라 행하고 악한 사람의 악을 고쳐 나간다면 이 두 사람은 모두 내 스승이 된다." 가장 널리 알려져 있지만 지나치게 단순화시키고 고정화된 해석이다. 이 글에 대한 다산의 해석은 달랐다.

"세 사람이 우연히 동행하게 되었는데, 어떻게 매번 한 사람은 착하고 다른 한 사람은 악하겠는가. 군자가 동행할 때는 세 사람이 모두 착하기도 하고, 도적의 무리가 동행할 때는 세 사람이 모두 악하기도 한 법이다. 여기서 반드시 두 사람 가운데 한 사람은 선을 받들고자 하고, 한 사람은 악을 행하고자 한다고 가정해 보자. 이는 어려운 일일 것이다. 이른바 '내 스승(아사我師)'이란 본래 덕을 온전히 이룬 사람이 아니라 하나의 견문, 하나의 지식, 하나의 기예, 하나의 재능을 지닌 사람을 말한다. 이처럼 한 사람이 착한 점과 허물을 겸하고 있을 경우 그 가운데 착한 것을 택하여 이를 배우고, 착하지 않은 것에 대해서는 이를 보고 마음속으로 반성하여 자신을 고쳐 나가야 한다."

♦ 배움을 선택하는 건 결국 자녀다

다산의 해석이 좀 더 현실적이다. 세상을 살다 보면 언제나 선한 사람, 장점을 지닌 사람과 함께할 수 없으므로 그중 좋은 사람을 잘 선별해야 한다는 것이다. 또한 한 사람에게 좋은 점과 나쁜 점이 있으므로 그의 나쁨에 물들지 않고 좋은 점을 배우는 지혜로운 선택을 해야 한다. 배움은 나 자신의 선택인 것이다.

'나' 또한 마찬가지다. 다른 사람에게 좋은 영향을 끼치는 사람이 되어야 한다. 세 사람 가운데 한 사람이 곧 '나'이기 때문이다. 다른 사람에게 배움을 얻는 것처럼 나 역시 다른 사람에게 선한 영향을 끼칠 때 세상은 발전해 나갈 수 있다. 누구에게든, 무엇에게든 배울 수 있는 사람은 어느 곳에 있어도 발전을 멈추지 않는다. 우리 자녀에게 심어주어야 할 가장 소중한 배움의 지혜다.

세상에
당연한 관계는 없다

형제는 당연한 존재가 아니다. 살다 보면 처한 상황과 여러 가지 갈등으로 그 소중함을 잊어버리는 경우가 종종 있는데, 사실 자기 자신의 힘만으로 구할 수 없는 것이 형제다. 부모가 낳아주지 않으면 결코 가질 수 없는 존재이기 때문이다. 《안씨가훈》에서는 이렇게 말하고 있다.

사람이 있고 난 후에야 부모가 있고, 부부가 있고 난 후에야 부자가 있으며, 부자가 있고 난 후에야 형제가 있으니 한 집안의 육친은 이 셋뿐이다. 이로부터 구족九族, 자신을 기준으로 아래위 각각 4단계의 친족에 이르기까지 모두 이 삼친三親, 부자·부부·형제을 근본으로 하기에 삼친은 인간관계에서 가장 중요하다. 따라서 그 관계를 돈독하게 하지 않을 수 없다.

부모, 부부와 함께 형제는 가정을 이루는 가장 중요한 관계다. 그러나 어려서부터 이들 사이의 갈등은 피하기 어렵다. 기독교가 말하는 인류 역사에서도 사람 사이에 일어난 갈등의 시작은 카인과 아벨, 즉 형제간의 갈등이었다. 야곱과 에서의 갈등, 요셉과 형들과의 갈등도 마찬가지다. 이들을 통해 알 수 있듯 형제간의 갈등은 부모의 사랑을 더 차지하려는 근본적 욕망에서부터 시작된다.

또 다른 이유는 서로에게 원하는 애정의 형태가 다르기 때문이다. 동생은 형을 따르고 함께 어울리고자 하지만 형은 동생을 귀찮게 여겨 다툼이 생긴다. 그러나 서로 다투고 싸운다고 해도 어린 시절의 갈등은 곧 봉합된다. 부모의 사랑과 훈육이 있고, 근본적으로 서로에 대한 애정이 있어 소중한 관계를 회복할 수 있다.

♦ 평생 가는 든든한 울타리, 형제

형제간의 사랑은 집안을 벗어나면 다른 사람과의 관계에서 큰 역할을 한다. 중국 명나라 후기에 민간의 속담, 격언 등을 실은《석시현문》에는 "남들의 수모를 막아주기에는 형제만 한 이가 없다"라는 글이 실려 있다. 우리의 어린 시절을 돌아보면 이 글의 의미를 알 수 있다. 어릴 적 다니던 학교에 형이나 언니가 있는 것처럼 좋은 일이 없다. 친구나 선배들이 괴롭힐 때 형제는 든든한 지원군이 되어준다. 심지어 자신보다 나이가 많고 힘이 센 상대라 해도 형제가 힘을 합쳐 싸우면 당당히 맞설 용기가 생긴다.

그러나 어른이 되어 각자가 가정을 꾸리게 되면 아무리 우애가 좋다고 해도 사이가 점점 멀어지는 경우가 많다. 《안씨가훈》에 보면 이렇게 실려 있다.

> 성장해서 각각 처자식이 생기면 비록 인품이 중후한 사람이라도 형제간의 우애가 다소 덜어질 수밖에 없다. 형제의 아내들은 형제에 비하면 관계가 소원하다. 소원한 관계에 있는 사람에게 형제간의 우애를 그대로 적용하기 바라는 것은 바닥이 네모난 그릇에 둥근 덮개를 씌운 것 같아서 절대 맞지 않는다.

서로 다른 성격의 사람을 만나 가정을 이루면 변화가 있기 마련이다. 형제간의 관계도 마찬가지다. 아무리 우애가 좋다고 해도 자기 가정의 유지와 화목을 우선해야 하기에 예전보다 멀어지는 것은 불가피한 일이다. 그러나 형제간에 화목이 깨지면 파급력이 크다. 그 자식들도 서로 사랑하지 않게 되고, 친척들 간에도 점차 소원해진다. 심해지면 가까운 이웃보다 훨씬 못한 관계가 될 수도 있다.

형제간에 갈등을 일으키는 또 한 가지는 재산 문제다. 여기에 관련한 고사가 있다.

북제北齊 때 임하 고을에 살던 보명普明 형제가 전답을 두고 몇 년째 다투고 있었다. 고을 태수인 소경蘇瓊이 그 모습을 보고 이들을 불러 타이른다.

"천하에 가장 얻기 힘든 것이 형제요, 구하기 쉬운 것은 토지다. 설사 토지를 얻었다고 해도 형제의 마음을 잃는다면 어찌하겠는가?"

이 말은 들은 형제는 자신들의 행동을 부끄럽게 여기고 화해했다.

재물은 노력하면 누구나 구할 수 있지만 피를 나눈 형제는 아무리 원해도 자기 뜻대로 구할 수 없다. 물론 사회에서 만나 형제보다 더 친밀한 관계를 유지하는 사람도 있지만, 피를 나눈 형제는 얻을 수 없다. 그만큼 소중한 존재이지만 형제간의 우애는 그리 단단하지 못하다. 특히 중간에 재물이 끼면 상황은 점점 나빠진다. 혼자 힘으로는 할 수 없고 함께 노력해야 하기에 더욱 어렵다.

♦ 다산이 형제간의 정을 가르친 이유

다산 정약용은 마흔이 될 때까지 누구나 부러워할 인생을 살았다. 그런데 마흔이 되면서 정쟁과 서학천주교에 연루되어 온 집안이 급전직하急轉直下했다. 셋째 형은 죽고 둘째 형 정약전은 흑산도로, 자신은 강진으로 귀양을 떠나는 몰락의 길을 걷게 된 것이다. 이런 상황에서 다산은 귀양을 자신의 소명을 이룰 소중한 기회라고 생각했다. 어린 시절에 뜻을 두었던 학자로서의 정체성을 확립할 수 있는 여유를 얻었다고 기꺼이 받아들인 것이다. 이처럼 담대하게 귀양 생활을 시작했지만, 그 마음은 편치만은 않았다. 육신의 어려움도 있었을 테지만, 폐족이 되어 앞날이 막혀버린 두 아들에 대한 걱정이 마음의 무거운 짐이 되었을 것이다.

다산에게는 두 아들 학연과 학유가 있었다. 다른 여느 부모처럼 다산도 이들에게 큰 기대를 가졌지만 자신이 귀양을 가면서 두 아들도 출세 길이 막힌 폐족이 되고 말았다. 학문을 가르치고 싶었지만 곁에 두고 가르칠 기회마저 쉽지 않았을 것이다. 가까이 두고 함께할 수 없기에 더욱 안타까웠고, 무엇보다도 서로 의지하며 어려움을 이겨 나가야 할 두 아들이 우애를 잃지 않을까 걱정이 떠나지 않았다. 다산은 두 아들에게 끊임없이 편지를 보내 가르쳤고, 수시로 불러 직접 가르치기도 했다. 다산이 두 아들에게 중점을 두어 가르친 것은 바른 도덕성과 학문의 성취였지만, 그에 못지않게 강조했던 것이 바로 형제간의 우애다. 심지어 집 뒤꼍에서 노는 병아리를 보면서도 다산은 형제간의 우애를 떠올렸다. 관계추설觀鷄雛說, 〈병아리를 관찰한 이야기〉에 실린 내용이다.

옛날 정자程子, 성리학의 이론적 기반을 제공한 학자가 병아리를 관찰하고 있었는데, 그것을 보고 인仁이라고 했다. 내 집은 서울 안에 있지만 해마다 닭을 한 배씩 기르며 병아리를 즐겨 관찰하곤 했다. 막 알을 까고 나오면 노란 주둥이는 연하고 연두색 털이 송송 돋아 있다. 잠시도 어미 곁을 떠나지 않고, 어미가 마시면 저도 마시고 어미가 모이를 쪼면 저도 쫀다. 화기애애하여 새끼를 사랑하는 마음과 어미에게 효도하는 마음이 모두 지극하다. 조금 자라 어미 곁을 떠나면 형제끼리 서로 따른다. 어디를 가도 함께 가고, 깃들일 때도 같이 깃들인다. 개가 으르렁거리면 서로 지켜주고, 솔개가 지나가면 함께 소리친다. 그 우애의 정이 기쁘게 관찰할 만하다. 효제는 인을 이루는 근본이다. 너희는 조금 자란 병아리다. 비록 부모만 오로지 사랑할 수는 없겠지만, 생각건대 형제간에 정을 돈독히 하려 하지 않는다면 저 지극히 낮은 미물이 너희를 비웃고 천하게 여길 것이다.

다산은 흔히 볼 수 있는 병아리의 습성을 통해 그 속에 깃든 인의 이치를 아들들에게 가르쳤다. 병아리들이 서로 아끼고 사랑하는 것처럼 인의 근본이 되는 효제를 실천해야 한다는 것이다. 사람으로서 형제를 아끼고 사랑하지 않는다면 미물인 병아리보다 못한 존재가 될 거라는 절박한 가르침이었다. 이 글을 읽은 두 아들은 아버지의 절실한 마음을 느끼고 우애를 돈독히 하고자 노력했을 것이다.

다산은 진정한 형제의 도리에 대해 자신의 글뿐 아니라 실제 삶에서도 보여준다. 같은 시기 흑산도에서 귀양살이 중이던 둘째 형 정약전과의 관계를 통해 진정한 우애가 무엇인지 생생하게 가르쳐준다. 정약전은 우리나라 최초의 수산학 관련 서적인 《자산어보》를 썼던 인물로 다산에 비해 상대적으로 널리 알려져 있지 않다. 그러나 정조가 "형이 동생보다 더 낫다"라고 칭찬할 정도로 큰 학자였다.

다산은 척박한 귀양 생활에서도 수시로 형에게 편지를 보내 서로 위로하고 격려하며 힘을 얻었고, 저술에 대해 의견을 묻기도 했다. 그러나 정약전은 모진 귀양살이로 다산보다 먼저 세상을 떠났고, 다산은 그 슬픔을 두 아들에게 보낸 편지에서 이렇게 밝혔다.

외로운 천지 사이에 다만 우리 손암巽庵, 정약전의 호 선생이 있어 내 지기가 되어주었는데 그만 잃고 말았다. 이제부터는 얻는 바가 있어도 장차 어디에 말하겠느냐. 사람은 자기를 알아주는 이가 없으면 죽은 사람이나 다름없다. 아내와 자식도 내 지기가 될 수 없고, 집안도 모두 지기가 아니다. 지기가 세상을 떴으니 어찌 슬프지 않겠느냐.

다산은 형 정약전의 존재를 지기知己, '나를 알아주는 존재'라고 표현했다. 서로를 자신보다 더 잘 알고, 힘들 때 의지하고, 상대의 성취를 자신의 성취처럼 기뻐할 수 있는 존재였던 것이다. 다산은 사랑하는 형을 잃은 마음을 표현한 것이지만, 또 다른 속 깊은 생각이 있었던 것 같다. 바로 형제간의 우애가 어떠해야 하는지를 두 아들에게 깊이 새겨주고 싶은 간절한 마음이다.

다산의 가르침은 아내의 낡은 치마폭에 써서 보낸 당부에서 정점을 이룬다. 남편이 그리워 자신이 결혼할 때 입었던 예복을 보낸 아내에게 다산은 두 아들에 대한 당부를 써서 보냈다. 아내를 사랑하지 않은 것은 아니지만 두 아들이 잘되기를 바라는 부부의 염원을 담았다. 다산은 이 서첩을 '하피첩霞帔帖'이라고 직접 이름 붙였는데, 이렇게 썼다.

치마를 재단하여 조그만 첩을 만들어 손이 가는 대로 두 아들을 훈계하는 글을 썼다. 훗날 이 글을 보고 느끼는 바가 있으리라. 두 어버이의 흔적과 손때를 생각한다면 그리는 마음이 뭉클 솟아나지 않을까.

부부의 염원은 두 아들의 미래이고, 이런 염원이 아들의 길을 밝혀주었다. 큰아들 학연은 늦게나마 폐족의 한계를 딛고 벼슬길에 나갔고, 작은아들 학유는 당대의 대학자 추사 김정희가 인정하는 시인이자 학자가 되었다. 부부간의 사랑마저 자식 사랑으로 승화시킨 부모의 간절한 염원은 자녀의 앞날에 결코 헛되지 않다.

♦ 부모는 공정한 심판자의 역할을 해야

자라면서 형제간에 다툼이 전혀 없기를 바라는 것은 현실적으로 불가능하다. 바라보는 부모로서는 힘들고 괴롭지만, 오래전 역사에도 형제간의 갈등은 흔한 일이었다. 같이 생활하는 공간과 여건에서 자신이 더 많은 것을 차지하려는 욕망, 일상에서 부딪히는 감정, 알게 모르게 비교의식이 생기기에 어쩔 수 없는 일이다. 따라서 부모는 형제간의 갈등이 벌어졌을 때 무조건 화를 내고 혼을 낼 것이 아니라 자연스럽게 받아들여야 한다. 그리고 반드시 자녀들을 공정하게 대해야 한다. 어느 한쪽으로 치우치는 것은 가장 바람직하지 않은 일이다. 부모가 편애한다고 느낄 때 다른 자식은 큰 상처를 받는다.

형제간의 갈등에서 긍정적인 측면도 있다. 다투고 화해하는 과정을 통해 자녀들은 문제 해결 능력과 소통 능력을 키울 수 있다. 이런 능력은 자라서 사회에 나가면 큰 힘이 된다. 따라서 부모가 무조건 갈등 상황을 해결하려고 하거나 깊이 개입해서는 안 된다. 한 걸음 물러서서 관망하다가 갈등이 지나치게 심각해지거나 오래 지속되면 적절하게 조절해주면 된다.

부모의 역할에서 가장 중요한 것은 가정을 사랑과 행복이 넘치는 공간으로 만드는 것이다. 부모의 사랑을 듬뿍 받은 자녀는 그 마음에 사랑이 담기게 되고, 형제간에도 사랑으로 서로를 대하게 된다. 일상에서 전혀 다툼이 없을 수는 없지만 서로 아끼는 마음만 있다면 작은 갈등은 얼마든지 이겨낼 수 있다. 서로 아끼고 사랑하는 마음이 어린 시절부터 심어진다면 아이들은 평생 든든한 울타리를 가질 수 있다. 어려울 때 서로 돕고, 남들의 수모를 막아주고, 함께 행복을 나누는 따뜻한 형제 사랑을 누리며 살 수 있다. 그 모습을 보는 부모 역시 행복할 것이다.

아이의 감성 지능을 깨워라

유학의 시조이자 동양 문화의 정신적 지주로 손꼽히는 공자는 흔히 엄정하고, 한 치의 빈틈도 보이지 않는 이성적인 사람으로 알려져 있다. 학문과 수양에서 최고 경지에 오른 사람이기에 당연히 그렇게 보일 것이다. 그러나《논어》를 보면 공자는 시와 음악을 사랑한 감성적인 사람이었다. 제자들에게 농담을 던질 줄 아는 유머 감각을 겸비한 사람이기도 했다. 오늘날로 보면 공자는 이성과 감성, 지성이 적절히 조화를 이룬 통합적인 사람이라고 말할 수 있다.

물론 유교에서 시와 음악은 단순한 취미가 아니라 학문과 수양에서 큰 축을 이루는 덕목으로, 공자가 시와 음악을 중요시했던 것은 당연하다고 할 수 있다.《논어》〈태백〉에 보면 '흥어시 입어례 성어락興於詩 立於禮 成於樂'의 구절이 나오는데, "시로써 감성을 일으키고, 예로써 바로 서며, 음악으로 완성한다"라는 뜻이다. 유학에서 가장 중요하게 여기는 예와 함께 시, 음악의 중요성을 강조하고 있다.

♦ 상식을 갖춘 사람이 되려면 '시'를 외워라

원래 시는 감정에 바탕을 둔다. 시의 주된 목적은 감정을 순화하는 것인데, 이는 시를 짓는 사람도 시를 읽는 사람도 마찬가지다. 시인은 자신의 마음을 담아 시를 완성하고, 시를 읽는 사람은 시에서 시인의 마음을 느끼고 큰 감동을 받는다.

그러나 공자가 말한 시의 이점은 이것에 그치지 않는다. 핵심은 〈위정〉에 실린 "시 300편을 한마디로 하면 생각에 사사로움이 없는 것이다"이다. 시인은 자신의 시에 사사로움이 없는 올바른 뜻을 담았고, 독자는 시를 읽으며 자신을 바르게 가다듬었다. 또한 공자는 제자들에게 이렇게 말하기도 했다.

"너희는 왜 시를 공부하지 않느냐? 시를 배우면 감흥을 불러일으킬 수 있고, 사물을 잘 볼 수 있으며, 사람들과 잘 어울릴 수 있고, 원망해도 사리에 맞게 할 수 있다. 가까이는 어버이를 섬기고 멀리는 임금을 섬기며 새와 짐승, 풀과 나무의 이름에 대해서도 많이 알게 된다."

이를 통해 공자가 왜 그토록 시를 공부하라고 권했는지 알 수 있다. 옳고 그름에 대한 판단력이 있고, 그것을 삶에서 실천할 수 있으며, 기본적인 상식을 갖춘 바람직한 사람이 될 수 있는 길이 바로 시에 있기 때문이다. 그래서 공자는 스스로 시 300편을 모두 외워 제자를 가르치거나 시를 읊으며 즐기기도 했다. 공자는 음악에 대해서도 그 중요성을 강조했는데, 그가 중요하게 여긴 조화의 능력을 얻을 수 있었기 때문이다.

♦ 배움은 물론 삶의 완성까지 돕는 음악

주자는 "음악은 오성五聲, 다섯 음과 십이율十二律, 열두 가락을 통해 춤과 노래를 함으로써 사람의 성정을 기르고, 더러운 것을 씻어낼 수 있게 한다. 의가 정밀해지고 인이 완숙해져서 스스로 도덕과 조화를 맞추게 되므로, 배우는 자의 끝은 반드시 음악을 통해 이룰 수 있으니 이것이 학문의 완성이다"라고 말했다. 음악을 통해 감성을 키우고 성품을 배양할 수 있기 때문에 사람이 지켜야 할 기본 덕목인 인과 의가 완숙해질 수 있다는 것이다. 자연스럽게 도덕과 조화를 이루는 경지에 이르게 해서 배움은 물론 삶의 완성에까지 이르게 해준다.

그러나 공자는 오직 수양으로서만이 아니라 생활 가운데서 음악을 즐겼다. 〈술이〉에 실린 일화에 따르면 공자는 사람들과 노래를 부르는 자리에서 어울리다가 어떤 사람이 노래를 잘하면 다시 부르기를 청했고 뒤이어 화답했다고 한다. 음악은 단순히 수양의 목적만이 아니라 삶에서 실천하고 즐길 수 있어야 한다는 것을 말해주는 일화다.

다산은 18년간 험난한 귀양 생활을 하면서 시와 음악을 통해 큰 힘을 얻었다. 스스로 시를 짓고 음악을 즐김으로써 고난을 이겨낼 힘과 마음의 위로를 얻은 것이다. 다산의 시문집을 보면 시와 음악에 대한 많은 글을 남겼는데, 음악이 왜 필요한지에 대해 이렇게 말한다.

음악이 없어지고 나서 형벌이 가중되었고, 전쟁이 자주 일어났고, 원망이 일어났고, 사기詐欺가 성행하게 되었다. 그 이유가 무엇이겠는가? 일곱 가지 감정(희로애락애오욕) 가운데 일어나기는 쉬워도 제어하기 어려운 것이 분노다. 답답하고 우울한 사람은 마음이 화평하지 못하고, 분노와 원한을 가진 사람은 마음이 풀리지 않는다. 형벌을 써서 기분을 통쾌하게 하면 일시적으로 마음이 풀릴 수 있겠지만, 악기 소리를 듣고 그 마음이 화평해져 풀리게 되는 것만 못하다.

음악은 조화로움을 통해 나라를 잘 통치할 수 있고, 천하를 평안하게 만들 수 있다. 또한 감정을 잘 다스리도록 만들어 개개인의 삶을 평안하게 해준다. 분노를 절제하기 어려운 사람의 마음을 풀어주는 것도 음악이 가진 큰 이점이다. 따라서 이미 오래전 공자를 비롯해 많은 고전에서는 절실하게 음악의 중요성에 대해 말했고, 어린 시절부터 공부할 것을 강조했다.

♦ 마음의 여유와 휴식, 예술

오늘날 우리의 현실은 그때보다 훨씬 더 못하다. 음악이 입시나 성공에 도움이 되는 과목이 아니라는 이유로 외면받다 보니 기계처럼 학원을 오가며 입시 과목에만 매달리는 아이들의 감성은 척박해질 수밖에 없다. 이처럼 거칠어진 마음은 좀처럼 회복하기 어려운 것이 사실이다.

그러나 현실의 상황을 무시할 수 없기에 부모는 지혜롭게 대처할 수 있어야 한다. 특별히 예술을 즐기는 시간을 낼 수 없다면 생활에서 예술과 접할 기회를 만들어주어야 한다. 틈틈이 함께 시를 읽고 대화하는 시간을 갖거나, 집안에 음악이 흐르게 하는 것도 좋다.

자녀와 음악회, 전람회를 즐기는 것은 평안하고 화목한 가정을 만드는 데 큰 도움이 된다. 마음의 여유와 휴식이 공부의 효율성을 높여준다는 사실은 이미 많은 학자의 연구로 증명됐다.

자녀와 예술을 접하고 즐기는 것은 결코 시간을 헛되이 쓰는 것이 아니다. 예술은 감성을 풍성하게 만들고, 삶에 즐거움을 줄 수 있다. 번거롭고 힘든 삶에서 큰 위로와 새롭게 시작할 수 있는 의욕을 주는 것도 예술이 가진 힘이다.

감정을 다스리고 다른 사람과의 관계를 잘 유지할 수 있는 감성 능력을 키우는 데도 예술은 큰 역할을 한다. 무엇보다도 사람다운 삶, 풍요롭고 조화로운 삶을 누리게 해준다. 예술을 가까이하고 접하게 하는 것, 행복한 삶을 살 수 있는 지름길이다. 부모가 자녀에게 줄 수 있는 큰 선물이다.

Part 6

선승구전 先勝求戰

자신을 지킬 줄 아는 아이가 경쟁에서 이긴다

자신과 세상을 이롭게 하려면 정성을 쏟아야 한다

공자의 손자인 자사가 쓴《중용》은 중용과 정성의 덕목을 핵심 가치로 삼고 있다. 중용을 이루기 위한 공부와 실천의 방법인 정성의 개념은《중용》20장에서부터 실려 있는데, 다음은 25장에 나오는 글이다.

"정성은 만물의 처음이요 끝이니, 정성이 없으면 만물이 없다. 그러므로 군자는 정성을 소중히 여긴다. 스스로를 완성할 뿐 아니라 세상 만물을 이루게 하기 때문이다."

여기서 보듯이 정성은 자신의 완성뿐 아니라 다른 사람의 성장에도 도움을 준다. 그리고 세상을 평안하게 만들어준다.《중용》23장에는 정성을 실천하는 마음의 자세, 즉 실천 방법이 실려 있다.

"작은 일도 지극하게 해야 한다. 그러면 작은 일에도 정성이 있게 되고, 정성이 있으면 겉으로 드러나고, 겉으로 드러나면 밝아진다. 밝아지면 다른 사람을 감동시킬 수 있고, 감동시키면 변하게 되고, 변하게 되면 새롭게 된다. 오직 세상에 지극한 정성이 있어야 나와 세상을 새롭게 할 수 있다."

여기서 우리는 어떻게 해야 자기 일과 삶을 정성스럽게 할 것인지에 대한 답을 얻을 수 있다. 즉 "작은 일에도 기본을 지켜 정성스럽게 해야 한다"는 것이다. 그래야 자신이 변화할 수 있고, 세상이 변하게 된다. 당연히 일도 잘된다. 《근사록》에도 정성에 대한 글이 실려 있는데, 그 이치를 잘 말해주고 있다.

"사람을 움직일 수 없는 것은 정성이 없기 때문이고, 일에 싫증을 내는 것도 정성이 없기 때문이다."

♦ 다산이 강조한 '성의' 공부

다산 정약용이 가장 중요시한 덕목은 사람됨의 근본, 즉 인의예지다. 다산이 18년간 귀양 생활을 하면서 두 아들에게 편지로, 또는 직접 만나러 왔을 때 가르친 것 역시 이것이었다. 고전을 읽고 배우고 실천하라는 가르침은 모두 인의예지를 근본으로 삼고, 이를 정성스럽게 하라는 당부였다고 할 수 있다. 다산은 두 아들에게 보낸 편지에서 다음과 같이 정성스럽지 못한 것을 꾸짖고 가르쳤다.

정성스럽지 못하다(불성不誠)는 두 글자에 대해선 네가 변명할 수 없을 것이다. 네가 내 당부를 거행함에도 정성스럽지 못한 일이 이루 헤아릴 수 없는데, 더구나 다른 일에서랴. 앞으로는 본래의 선한 마음을 분발해서 《대학》의 성의장誠意章과 《중용》의 성신장誠身章을 써서 벽에 걸어두고 성의誠意, 정성스러운 뜻 공부에 매진해야 할 것이다. 큰 용기를 내고 다리를 튼튼히 세워 물살이 센 여울로 배를 타고 거슬러 올라가는 방법으로 해야 한다. 성의 공부는 맨 먼저 황당한 말을 하지 않는 것부터 힘써야 할 것이니, 한 마디 황당한 말을 세상의 가장 큰 죄악으로 생각해야 한다. 이것이 성의 공부에서 가장 먼저 시작해야 할 부분이다.

다산의 꾸짖음이 매섭기 그지없다. 비록 편지를 통해서지만 아들들이 정성을 다하지 못함을 안타까워하는 심정이 그대로 드러난다. 그러나 단순히 꾸중만 하는 것이 아니라 앞으로 해야 할 일을 가르친다.

여기서 또 하나, 우리 부모들이 마음속에 새겨야 할 소중한 교훈이 있다. 바로 가르침의 방법이다. 흔히 부모는 자녀의 잘못을 꾸짖을 때 잘못에만 집중하는 경향이 있다. 잘못을 지적하면서 안타까움과 서운함으로 감정이 점점 격해지기도 한다. 그러면 큰소리를 내게 되고, 스스로 자제하지 못하는 상황에 이르게 된다. 꾸중의 목적이 자칫하면 부모의 감정을 푸는 것으로 흘러가기 쉽다. 이런 경우 진정한 가르침이 될 수 없다. 오히려 자녀의 감정을 건드려 반감만 일으킬 뿐이다.

♦ 자신을 속이지 않는 것이 곧 성실함이다

다산은 아들의 잘못을 엄중하게 꾸짖지만, 질책에 그치지 않고 잘못을 고칠 방법을 세세히 알려준다. 단순히 '이래야 한다'는 당연한 이야기를 하는 것이 아니라 앞으로 해야 할 일을 정확하게 일러준다. 다산이 써서 벽에 걸어두라고 했던 《대학》의 성의장과 《중용》의 성신장에는 다음과 같은 글이 실려 있다. 먼저 《대학》의 성의장에 실린 글이다.

"뜻을 성실하게 갖는다는 것은 자신을 속이지 않는 것이다. 악취를 싫어하는 것처럼 악을 싫어하고, 미색을 좋아하는 것처럼 선을 좋아하는 것, 이것을 스스로 겸손하다고 한다. 그러므로 군자는 반드시 홀로 있을 때도 삼간다."

성의, 즉 뜻을 성실하게 갖는다는 것은 항상 선을 택하는 것을 말한다. 그것을 위해 자신을 속이지 않아야 한다. 사람과 함께 있을 때는 물론 혼자 있을 때도 마찬가지다. 특히 혼자 있어 보는 눈이 없을 때도 진실한 태도를 갖는 것이 바로 성의다. 다음은 《중용》의 성신장에 실린 글이다.

"자신을 성실하게 하는 데는 방법이 있다. 선에 밝지 못하면 자신을 성실하게 할 수 없다. 성은 하늘의 도요, 성실하고자 함은 사람의 도다. 성실한 자는 힘쓰지 않아도 도리에 맞고, 생각하지 않아도 얻으며, 자연스럽게 도에 부합되니 그는 성인이다. 성실하고자 하는 자는 선을 가려 그것을 굳게 붙잡는다."

성은 하늘이 정한 도리이므로 사람은 정성을 다해 지켜야 한다. 그만큼 소중한 덕목이지만, 이런 고차원적 해석이 아니더라도 사람은 매사에 자신에게 주어진 일에 충실해야 한다. 그 핵심은 바로 선을 택하고, 선을 지키는 것이다. 옳고 그름에 대해 분명히 인식하고, 옳음을 선택하겠다는 의지를 길러준다면 성실한 사람으로 성장할 수 있다. 학생이라면 공부에서, 사회에 나와서는 일에서 평생을 두고 붙잡아야 하는 것이 바로 성실함이다. 어떤 일을 하든 이것이 인생에서 성공하는 비결이다.

한나라의 학자이자 문인 양웅楊雄은 "정성이 지극하면 쇠와 돌도 열린다"라고 했다. 명장군 이광이 쏜 화살이 바윗덩어리를 뚫을 수 있었던 연유를 설명하면서 했던 말이다.

자녀들에게 줄 수 있는 한 단어를 정한다면 '정성'을 택하는 것도 의미 있는 일이 될 것이다. 자신은 물론 주위의 모든 것을 바르게 이끌 수 있는 힘이 되기 때문이다. 자녀의 책상 앞에 써 붙이는 글로도 손색이 없다. 자녀가 정성의 의미를 알고 실천한다면 다른 가르침은 필요가 없을지도 모른다. 부모가 가장 많이 하는 "공부하라"는 말도, "착하게 살아야 한다"는 말도, "열심히 하라"는 말도, 가장 현실적으로 "형제간에 사이좋게 지내라"는 말도 모두 '정성'에 포함되어 있다. 정성으로 사는 사람은 실패하지 않는다. 정성이 지극하면 앞길이 열린다.

행복하게 목적을 이루는 비결

자녀교육서를 보면 흔히 "집중력이 좋은 아이로 키우라"는 말을 한다. 무슨 일을 하든지, 특히 공부할 때 집중해서 하면 당연히 효율성이 높아진다. 이와 비슷한 용어로 '몰입'이 있는데, 몰입은 집중보다 차원이 높은 개념이다. 자신이 하는 일에 몸과 정신이 완전히 빠져들어 자기가 누구인지, 어떤 상황에 있는지조차 잊어버리는 상태라고 할 수 있다. 원래 몰입은 심리학자 미하이 칙센트미하이가 밝혀내기까지는 알려지지 않았던 개념이다. 그런데 2,500년 전 동양의 철학자인 공자가《논어》〈술이〉에서 이미 '몰입'의 개념에 대해 언급하고 있다.

초나라의 대부 섭공이 공자의 제자인 자로에게 스승에 대해 물었지만 자로는 아무 대답도 하지 않았다. 이 이야기를 들은 공자가 자로에게 이렇게 말했다.

"너는 어찌하여 그 사람에게 '스승의 사람됨은 공부에 분발하면 먹는 것도 잊고, 도를 즐기느라 근심도 잊고, 늙음이 다가오는 것도 알지 못한다'라고 대답하지 않았느냐?"

유명한 '발분망식發憤忘食, 끼니를 잊을 정도로 어떤 일에 열중하여 노력함'의 성어가 실린 고사인데, 공자가 말하고자 한 것이 '몰입'이다. 학문과 도를 추구하는 데 먹는 것도, 세월이 가는 것도 잊고 몰입했기 때문에 자신이 경지에 오를 수 있었다고 말한다.

♦ 마음을 하나에 집중하는 기술

이런 몰입의 개념을 말해주는 두 가지 고사가 있다. 먼저《맹자》의 고사다.

춘추전국시대 바둑으로 유명한 혁추奕秋라는 사람이 있었다. 그는 바둑의 최고 고수로 나라 안에는 그를 능가할 사람이 없었으며, 많은 사람이 그를 스승으로 모셔 바둑을 배우고 싶어 했다. 혁추는 그들 중 두 사람만 골라 바둑을 가르쳤다.

두 명의 제자 가운데 한 명은 온 마음을 다하여 바둑을 배웠다. 그는 항상 정신을 집중하여 스승의 말을 듣고 마음에 새긴 덕분에 바둑의 고수가 될 수 있었다. 다른 한 명은 바둑을 배우면서 진지하지 않았으며, 겉으로는 스승의 말을 듣는 척하면서 항상 다른 생각을 했다. 새가 날아가면 마음속으로 '활을 쏘아 어떻게 저놈들을 잡지?' 하며 새 잡을 궁리만 하고 있었다. 그는 똑같이 혁추 밑에서 공부했지만 아무것도 이룰 수 없었다. 맹자는 이렇게 말했다.

"바둑을 두는 수는 하잘것없지만 온 마음을 다하지 않으면 제대로 둘 수가 없다. 최고 고수인 혁추에게 배워도 마음과 뜻을 다한 사람과 마음속으로 새 잡을 궁리만 한 사람은 다르다. 이것은 두 사람의 지혜가 달라서인가? 그렇지 않다."

'전심치지專心致志', 오로지 한 가지 일에만 마음을 바쳐 뜻한 바를 이루는 것에 대한 이야기다. 맹자는 혁추의 이야기를 들어 정신을 집중하는 경지에 대해 말했지만, 공자는 직접 달인을 만났다. 다음은 《장자》에 실린 이야기다.

공자가 초나라를 향해 길을 가다가 웬 꼽추가 매미를 잡고 있는 모습을 보았다. 길에 떨어진 물건을 줍듯이 매미를 거둬들이는 그의 모습에 감탄한 공자가 물었다.

"당신 재주가 참 놀랍구려! 혹시 거기에 무슨 도 같은 게 있소?"

꼽추가 대답했다.

"물론 있습니다. 처음 대여섯 달 동안은 매미채 꼭대기에다 알을 두 개 포개어 올려놓고 떨어뜨리지 않는 연습을 하면 매미 잡을 때 실패할 확률이 많이 줄어듭니다. 그다음 알을 세 개 포개어 올려놓고도 떨어뜨리지 않는 정도면 실패할 확률이 열에 한 번 정도입니다. 만약 알을 다섯 개 올려놓고도 떨어뜨리지 않을 정도가 되면 땅에 있는 물건 줍듯이 매미를 잡을 수 있습니다."

그리고 그는 다시 말을 이어갔다.

"매미를 잡을 때 내 몸은 마치 잘린 나뭇등걸처럼 움직이지 않고 팔은 마른 나뭇가지를 든 것처럼 가볍습니다. 천지의 광대함도, 만물의 다양함도 아랑곳하지 않고 오직 매미의 날갯짓에만 집중합니다. 내 머리와 신체는 멈춘 채 조금도 움직이지 않으며, 매미의 날갯짓 외에는 무엇에도 마음을 팔지 않습니다. 그러니 어찌 실패하겠습니까."

공자는 제자들을 돌아보며 말했다.

"마음을 하나에 집중하면 그 기술이 신의 경지에 이를 수 있는데, 이 노인은 이미 그 경지에 이르렀다."

이 고사는 '몰입'의 경지에 대해 말하고 있다. 한 가지 일에 집중해 자신을 잊고 오직 그 일에만 관심을 기울이고 그 일만 생각하는 것이 몰입이다. 사실 몰입은 어려운 일이 아니다. 가까운 예로 어린 시절 장난감 조립을 하거나 친구들과 놀면서 밥 먹는 시간을 잊어버린 경험도 몰입이라고 할 수 있다. 오늘날로 치면 게임하면서 밤낮을 잊는 것이다. 이런 관점에서 보면, 지나치면 안 되지만 게임에도 긍정적 요소가 있다. 바로 몰입을 이해하게 된다는 것이다. 만약 게임에서 얻은 '몰입'의 이해를 공부에 적용할 수만 있다면 시험 결과를 걱정하지 않아도 될 것이다.

♦ 책상에 앉아 있는 시간의 양은 중요하지 않다

미하이 교수는 "우리가 느끼는 시간의 흐름은 시곗바늘이 가지는 객관적 시간과는 무관하다. 몰입의 경지에 빠져 있을 때는 긴 시간도 아주 짧게 느껴지고, 불안하거나 따분할 때는 시간 감각이 상대적으로 길게 느껴진다"고 몰입에 대해 과학적으로 설명해준다. 평범한 사람도 이런 몰입의 현상을 일상에서 경험할 수 있다. 내 경우 도서관에서 독서할 때 이런 경험을 했다. 어떤 필요나 의무감으로 좋아하지 않는 책을 읽을 때는 계속 시계를 쳐다보지만, 좋아하는 책을 읽을 때는 시간의 흐름을 잊는다. 때로는 식사시간을 놓쳐 밥을 굶기도 했다. 이것이 평범한 사람이 경험하는 몰입이다.

자녀에게 끊임없이 공부를 강조하기 전에 '몰입'의 개념을 이해시킬 필요가 있다. 책상에 앉아 있는 시간이 아니라 어떤 목표를 주고 얼마나 짧은 시간에 해낼 수 있는지 시험해 보는 것도 몰입을 이해시키는 좋은 방법이다. 게임할 때처럼 시간 가는 줄 모르고 집중한다면 다른 때와 분명히 다른 결과를 얻게 된다는 사실을 체험시키는 것이다. 짧은 시간에 공부의 결과를 얻고, 남은 시간에 다른 재미있는 일을 할 수 있다면 얼마나 좋겠는가. 이런 경험이 쌓이면 점차 공부의 즐거움을 알고 공부에 몰입하는 습관도 얻게 된다.

몰입의 목적은 '행복'이다. 실제로 무언가에 몰입하면 마라톤에서 러너스 하이가 찾아오는 것처럼 쾌감이 찾아온다. 공부든 일이든 행복하게 목적을 이루는 비결, 바로 몰입이다.

Key word 3. 상상하기를 어려워하는 아이

질문하는 아이가 새로운을 발견한다

"창의력을 겸비한 인재로 키우고 싶다." 아마 부모들의 공통된 바람일 것이다. '새로운 생각이나 의견을 떠올리는 능력'을 얻게 되면 남다른 결과를 얻을 수 있기 때문이다. 인류 발전도 이런 창의적인 사람이 있었기에 가능했다. 누군가 새로운 것을 찾아내고 만들어냈기에 오늘날 인류가 누리는 풍요로운 삶이 가능해졌다는 사실을 부인할 수 없다. 그러나 인류 발전을 설명할 때 창의적 인물만으로는 부족하다. 그들과 함께 통찰력을 가진 인물이 있었기에 가능했다.

'통찰력'은 '창의력'과 비슷한 용어이지만 그 의미가 조금 다르다. '사물을 훤히 꿰뚫어보는 능력'이라고 정의되는데, 이런 능력을 지닌 사람은 남들이 보지 못하는 비밀을 볼 수 있다. 표면적으로 살짝 가려진, 내면에 있는 진실을 찾아낼 수 있다. 그 차이를 요약하면 창의력은 새로운 것을 창작해내는 능력이고, 통찰력은 그것이 효율적으로 쓰일 수 있는 용도를 생각해내는 능력이다. 쉽게 말해 창의력이 뛰어난 사람은 새로운 '무엇'을 발명하고, 통찰력을 가진 사람은 '그 무엇을 어떻게 사용할까'에 대한 답을 찾는다.

♦ 발명과 발견

《총, 균, 쇠》의 저자 재레드 다이아몬드 교수는 "미국에서 해마다 발행되는 약 7만 건의 특허권 중 상업적인 생각에 이르는 것은 극히 소수에 불과하며, 심지어 다른 용도에 더 큰 가치를 지닌 것으로 밝혀지기도 한다"라고 하면서 발명과 발견의 차이를 알기 쉽게 설명해준다. 그는 제임스 와트가 발명한 증기기관을 예로 들었는데, 애초에 증기기관은 광산에서 물을 퍼내기 위한 용도로 만들어졌다. 그러나 통찰력을 지닌 사람이 방적 공장에 동력을 공급하는 용도를 찾아냈고, 다시 기관차와 배를 움직이는 새로운 용도를 찾아내게 되었다.

이외에도 에디슨의 축음기, 니콜라우스 오토의 자동차 등 수많은 발명품이 처음 의도와는 다른 용도를 찾아냄으로써 인류 발전에 크게 기여했다. 결국 인류의 삶을 바꾼 놀라운 발명품은 단순히 "필요는 발명의 어머니다"라는 우리의 기존 상식을 통해 만들어진 것이 아니라고 할 수 있다. 먼저 발명하고, 그다음 통찰력을 지닌 사람을 통해 가장 효율적이고 적절한 필요를 찾아낸 경우도 많다. 이런 이치를 이미 오래전에 꿰뚫어본 동양의 철학자가 있었다. 다음은《장자》에서 나오는 고사다.

송나라에서 대대로 세탁을 업으로 살아가는 사람이 있었다. 겨울에도 찬물에 손을 넣는 일이 많아서 그 집안에는 손발의 동상을 막아주는 비법이 전수되고 있었다. 하루는 소문을 들은 어떤 상인이 100냥에 그 비법을 팔라고 하자 그는 가족회의를 열어 팔기로 의견을 모았다.

"평생 세탁 일을 해도 큰 소득을 거두지 못했는데, 이렇게 큰돈을 준다고 하니 그 비법을 팔아버리자!"

그는 상인에게 비법을 팔았고, 상인은 그 길로 오나라 왕을 찾아가 그 비법을 바쳤다. 마침 앙숙인 월나라에 내란이 일어나자 오나라는 월나라를 침략했고, 비법이 진가를 발휘하게 되었다. 한겨울 수전水戰을 치르는 전쟁에서 오나라의 병사들은 동상이 생기지 않는 약을 발라 전력을 유지할 수 있었지만, 월나라의 병사들은 손발이 얼어붙어 전력을 제대로 발휘할 수가 없었다. 결국 전쟁은 오나라의 일방적 승리로 끝났고, 상인은 큰상을 받았다. 그러나 그 비법을 판 송나라 사람은 여전히 세탁 일을 하면서 고생스러운 삶을 살았다.

이 고사는 원래 장자가 친구 혜시惠施와의 대화에서 해주었던 말이다. 혜시가 "위나라 왕에게서 선물로 받은 엄청나게 큰 조롱박이 쓸모가 없어 부숴버렸다"고 하자 장자가 비유로 말해준 고사다. 장자는 "큰 조롱박을 배로 삼아 강이나 호수에 띄울 수도 있는데, 이런 생각을 하지 못하고 불평만 하고 있으니 당신은 참으로 한심한 사람이다!"라고 말했다. 왕에게 큰 선물을 받을 정도의 인물이라고 해도 그 용도를 알아챌 통찰력이 없으면 한심한 사람에 불과하다.

♦ 사람이 어떻게 자신을 속이겠는가

통찰력은 물건의 용도뿐 아니라 사람의 마음을 읽는 데도 유용한 능력이다. 진시황의 숨겨진 아버지라는 속설이 있는 여불위呂不韋가 편찬한《여씨춘추》에는 통찰력을 키우는 방법이 나온다.

"사람의 마음은 숨겨지고 감추어져 있어 측량하기가 어려운데, 사람을 잘 관찰하면 그 숨겨진 의지를 보게 된다. 그러나 이런 능력은 오직 성인만 가질 수 있어서 평범한 사람이 갖추기가 어렵다. 그래서 평범한 사람은 성인의 통찰력을 보고 요행이라고 생각한다."

눈앞에 있는 사람이나 사물의 의지意志, 어떤 일을 이루고자 하는 마음와 징조徵兆, 어떤 일이 생길 분위기, 표상表象, 숨겨진 것이 겉으로 드러나는 일을 잘 관찰하면 내면을 읽을 수 있고, 앞으로 일어날 일을 내다볼 수 있다는 것이다.

《논어》에도 통찰력을 키우는 방법이 나온다. 성인만 할 수 있다고 말한 여불위와 달리 공자는 누구나 통찰력을 키울 수 있는 방법이 있다고 말한다. 평범한 사람에게는 희망적인 말이 아닐 수 없다.

"그 사람이 하는 것을 보고, 그 동기를 살펴보고, 그가 편안하게 여기는 것을 잘 관찰해 보라. 사람이 어떻게 자신을 속이겠는가. 사람이 어떻게 자신을 속이겠는가!"

잘 보고視 잘 살피고觀 잘 관찰하면察 그 사람에 대해 속속들이 알게 된다. 사람은 자신의 본심을 숨길 수 없기 때문이다. 이것을 강조하기 위해 공자는 두 번에 걸쳐 "사람이 자신을 속일 수 없다"고 되풀이한다.

♦ 관찰과 질문, 쓸모를 찾아내는 한 끗

창의력과 통찰력은 분명히 차이가 있지만, 그 능력을 키우는 방법은 크게 다르지 않다. 어린 시절부터 남다른 호기심과 세심한 관찰의 습관을 키워주면 된다. 이때 필요한 것이 바로 질문이다. 어떤 사물을 볼 때 '저것은 무엇이다'가 아니라 '저것은 무엇이 될까?'를 생각하게 만들어야 한다.

독서와 공부도 마찬가지다. 책에 실린 지식을 그냥 받아들이고 외우는 것이 아니라 다르게 생각하는 습관을 기르면 새로운 배움, 남다른 지혜를 얻을 수 있다. 공자가 말했던 것처럼 하나를 배워 셋을 알게 된다.

자신만의 생각에 사로잡혀 바꾸지 않는 것을 고정관념과 타성이라고 한다. 이런 틀에서 벗어나 새로운 안목을 가지게 하는 것이 바로 생각의 힘이다. 다른 사람이 미처 생각하지 못하는 것을 보는 창의력, 남들이 모르는 쓸모를 찾아내는 통찰력은 세상에 가치를 더하고 자신의 가치를 높이는 소중한 지혜다.

무엇을 중요하게 생각하는 아이로 키울 것인가

흔히 수양과 학문을 중시한 유학에서는 부를 추구해서는 안 된다고 알고 있다. 그러나 유학의 시조인 공자는 부를 멀리하라고 가르치지 않았다. 단지 수단과 방법을 가리지 않고 부를 취하는 탐욕을 경계하라고 했을 뿐이다.

《논어》에 거듭해서 나오는 '견리사의' '견득사의'의 성어가 공자의 생각을 잘 말해준다. "이익이 되는 일을 보면 그것이 의로운지를 생각하라"는 것인데, 여기서 보듯 공자는 이익 추구를 금하지 않았다. 단지 그 수단이 정당한지, 올바른 방법인지를 먼저 생각하라고 했다. 심지어 공자는 〈술이〉에서 "부가 추구해서 얻을 수 있는 것이라면 나는 비록 채찍을 드는 천한 일이라도 하겠다. 그러나 추구해서 얻을 수 없는 것이라면 내가 좋아하는 일을 하겠다"라고 말한다. 부에 대해 부정적 생각을 가지지 않았음을 알 수 있다. 단지 의로운 방법으로 추구해서 얻을 수 없다면, 또 얻을 만한 가치가 없다면 학문과 수양의 길을 가겠다는 뜻이다.

♦ 부에 대한 올바른 인식

조선 최고의 실학자이자 유학의 이념을 추구했던 다산 정약용도 부에 대해 부정적이지 않았다. 두 아들을 비롯해 제자들에게 부에 대한 가르침을 주었는데, 그가 가장 강조한 것도 부에 대한 올바른 인식이다. 그는 먼저 부는 고정불변이 아니라 유동적인 것이라고 그 이치를 설파하고 있다. 당시 대표적 재물이었던 토지에 대해 다산은 다음과 같이 가르쳤는데, 제자 윤종심尹鍾心에게 준 말이다.

> 세간의 모든 사물은 대개 변화하는 것이 많다. 초목 가운데 작약은 바야흐로 그 꽃이 활짝 핀 시기에는 어찌 아름답고 좋지 않겠느냐. 하지만 말라 시들어버리면 정말로 헛된 것이 될 뿐이다. 비록 송백이 오래 산다고 해도 수백 년을 넘기지 못하고 쪼개져 불에 타지 않으면 바람에 꺾이거나 좀이 먹어 없어지게 된다. 사리에 밝은 선비는 모두 사물이 그렇다는 것을 안다. 그러나 유독 토지의 변환에 대해서는 아는 사람이 드물다. 세속에서 밭을 사고 집을 마련한 자를 가리켜 든든하다고

한다. 토지는 바람에 날리지도 않고, 불에 타지도 않고, 도둑이 훔칠 수도 없어 천 년이 지나도록 파괴되거나 손상 입을 우려가 없기 때문에 토지 가진 자를 든든하다고 하는 것이다. 그러나 내가 사람들의 토지소유권 문서를 보고 그 내력을 조사해 보면 어느 것이나 백 년 동안 주인이 바뀐 것이 대여섯 번이나 되고, 심한 경우 일고여덟 번이나 된다. 그 성질이 유동적이라서 잘 옮겨 다니는 것이 이와 같은데, 어찌하여 유독 남에게는 쉽게 바뀌지만 내게만은 오랫동안 변함이 없기를 바라는가.

다산이 지방의 목민관을 지내면서 느꼈던 점을 말하고 있다. 토지처럼 가장 든든한 자산도 쉽게 소유권이 바뀌고, 그 누구도 예외가 되지 않는다는 것이다. 재물은 언제든 사라질 수 있기에 집착해서도, 방만해서도 안 된다는 가르침이다. 한편 다산은 또 다른 제자 윤윤경尹輪卿에게 선비라고 해서 빈곤한 삶을 사는 것을 당연하게 여겨서는 안 된다고 가르친다.

태사공太史公, 《사기》의 저자 사마천을 가리킴은 "늘 가난하고 천하면서 인의를 말하기 좋아하는 것도 부끄러운 일이다"라고 했다. 공자의 문하에서는 재리財利, 재물과 이익에 대한 이야기를 부끄럽게 여겼으나 자공子貢, 공자의 제자들 가운데 세속적 능력이 가장 뛰어나 큰 부자가 된 인물은 재산을 늘렸다. 지금 소부巢父나 허유許由처럼 절개도 없으면서 몸을 누추한 오막살이에 감추고 나무 껍질로 배를 채우며, 부모와 처자식을 얼고 헐벗고 굶주리게 하고, 벗이 찾아와도 술 한잔 권할 수 없으며, 명절 무렵에도 처마 끝에 걸린 고기가 보이지 않고, 유독 빚 독촉하는 사람만 대문을 두드리며 꾸짖고 있으니, 이는 세상에서 가장 졸렬한 것으로 지혜로운 선비는 하지 않을 일이다.

설사 학문을 하는 선비일지라도 가족을 봉양하는 의무는 다해야 한다. 그래서 다산은 생활의 수단을 가르치는데, 바로 원포園圃, 과일과 채소를 심어 키우는 밭나 목축牧畜, 소·말·양·돼지 따위의 가축을 기르는 일을 가리킴일이다. 연못에 물고기 키우는 일도 권한다. 그리고 다산은 부의 올바른 사용법을 말해준다. 제자 황에게 주는 말에서 확인할 수 있다.

《예기》에 보면 가장 좋은 것은 덕에 힘쓰는 것이고, 그다음은 베풂에 힘쓰는 것이라고 했다. 천하의 근심과 기쁨, 즐거움과 걱정은 모두 베푸는 대로 받는 것이다. 장張, 불특정의 사람을 뜻함에게 베풀었는데 이李가 보답하며, 집안에서 화난 일로 시장에서 화낸다는 것은 이치상 그럴 법한 일이다. 하늘의 이치는 넓고 넓어 보답이 반드시 베푼 데에서 이르는 것은 아니다. 그러므로 군자는 보답 없는 곳에 은혜를 끼치는 것을 귀하게 여긴다. 만약 왼손으로 물건을 주고 오른손으로 대가를 찾는다면 이는 상인의 일이요, 원대한 계획을 도모할 정도가 못 된다. 경經에 보면 고아와 어린이를 중히 여기라고 했다. 사람들은 이들을 함부로 업신여기는데, 올바른 사람이 이들을 함부로 대하지 않는 것은 힘이 부족하기 때문이겠는가. 하늘이 도와주지 않아서 그렇게 된 것임을 알기 때문이다.

♦ 베풀 줄 아는 부자로 키워라

다산은 가장 소중한 부의 사용은 약자를 돕는 일이라고 했다. 나눔과 베풂이 가장 아름다운 선행이며, 아무런 조건 없이 사랑을 나눌 때 반드시 보답이 따라온다고 말한다. 설사 자신이 베푼 곳에서 보답이 오지 않더라도 전혀 예상치 못한 곳에서 예상치 못한 방법으로 보답을 받는 것이 하늘의 이치다. 따라서 진정한 선행은 남모르게 하는 것이다. "오른손이 하는 일을 왼손이 모르게 하라"는《성경》의 가르침과도 같다.

자녀들이 부자가 되는 것을 금할 필요는 없다. 오히려 부를 추구하는 방법과 지혜를 어린 시절부터 심어주어야 한다. 이때 반드시 함께 가르쳐야 할 것이 있다. 부의 올바른 도리다. 돈 그 자체는 가치중립적이지만 돈을 어떻게 쓰느냐는 분명한 가치관이 담겨 있다. 혼자 잘살기 위해 부를 축적한다면 탐욕적인 사람이 될 뿐이다. 열심히 노력해서 부자가 되고, 그 부를 나누는 것이 진정한 행복이다.

이것 또한 부모의 삶이 거울이다. 부모가 무엇에 가치를 두느냐 하는 것은 말로 나타내지 않아도 삶에서 자연스럽게 드러난다.

부자가 되려면 1% 행운과 99%의 노력이 필요하다

고대 그리스에서 철학자들은 스스로를 '지혜를 사랑하는 사람'으로 부르며 자랑스럽게 여겼다. 소크라테스는 인간을 스스로 중히 여기는 바에 따라 세 가지로 구분했다. 지혜를 사랑하는 자, 승리명예를 사랑하는 자, 이익을 탐하는 자다. 이들 각자는 자신이 사랑하는 것을 추구하는 데서 가장 큰 즐거움을 느끼고, 다른 즐거움은 바보짓에 불과하다고 생각했다. 소크라테스는 지혜를 사랑하는 것, 명예를 추구하는 것, 이익을 추구하는 것 순으로 즐거움의 크기가 작아진다고 했다.

철학자들은 세 가지에서 무엇을 추구하든 가장 잘할 수 있는 사람이다. 그러나 그들이 소중히 여긴 것은 '지혜'이므로 굳이 명예와 이익을 추구하지 않았을 뿐이다. 올리브유 짜는 기계로 큰돈을 벌었다는 철학자 탈레스의 이야기가 이런 사실을 증명한다.

♦ 운명에 굴복하지 않는 도전정신

동양에서는 '지혜를 사랑하는 사람'에 해당하는 이로 군자를 들 수 있다. 스스로의 완성을 목표로 열심히 학문과 수양에 매진했던 사람이다. 서양과 달랐던 것은 이들이 현실적 목표도 함께 추구했다는 점이다. 높은 학문을 익히고 수양을 쌓는 것은 그것으로 세상을 이롭게 하는 데 목적을 두었다. 학문이 높은 경지에 이르면 명성을 얻게 되고, 세상에서 뜻을 펼칠 기회를 잡을 수 있다고 생각했다.《논어》〈자한〉에 실린 공자와 제자 자공의 고사가 이를 잘 말해준다.

자공이 "여기에 아름다운 옥이 있다면 궤 속에 넣어 보관해두시겠습니까? 좋은 상인을 구해 파시겠습니까?"라고 묻자 공자는 "팔아야지! 팔아야지! 나는 상인을 기다리는 사람이네"라고 대답했다.

여기서 아름다운 옥은 많은 공부를 통해 능력과 인품을 갖춘 사람을 비유한 것이다. 좋은 상인은 왕으로, 세상을 이롭게 할 기회를 주는 사람이다. 즉 자공은 왕에게 쓰임을 받아야 하느냐고 물은 것이다. 이에 대해 공자는 "팔아야지!"를 거듭 강조하면서 자기 생각을 말한다. 공부를 통해 능력과 인품을 갖췄다면 당연히 좋은 왕과 함께 세상에서 뜻을 펼칠 수 있어야 한다는 것이다.

자공은 스승의 가르침에 따라 뛰어난 정치적 수완으로 노나라와 위나라의 재상을 지냈고, 탁월한 언변과 외교술로 많은 외교적 난제를 해결하기도 했다. 또한 타고난 통찰력으로 엄청난 부를 이루기도 했다. 공자는 자공을 두고 "사자공을 가리킴는 운명을 그대로 받아들이지 않고 재산을 늘렸는데, 그의 예측은 여러 차례 적중했다"라고 평가했다.

여기서 자공이 부자가 된 힘이 무엇인지 알 수 있다. 먼저 자공은 운명을 그대로 받아들이지 않는 도전정신을 가졌다. 주어진 상황에 굴복하지 않고 과감하게 결단을 내리고 도전하여 부를 이루었던 것이다. 그와 더불어 부자가 된 힘은 예측 능력이다. 현상과 시기를 읽고 미래를 예측해 투자했던 것이 큰 부를 이룬 비결이었다.

♦ 부자가 되고 싶은 마음은 사람의 타고난 본성이다

사마천은 《사기》 〈화식열전貨殖列傳〉에서 공자가 천하에 알려진 것도 자공의 도움에 힘입었다고 말한다. 천하에 뛰어난 학식과 수양을 가진 이도 부의 뒷받침이 있으면 더 쉽고, 더 크게 이름을 떨칠 수 있다는 것이다. 이것을 두고 사마천은 "세력을 얻어 세상에 더욱 드러난다"라고 표현했다. 도와 수양, 학문을 중시하는 유교 시대에도 세상에 이름을 크게 떨치려면 '부'가 뒷받침되어야 한다고 본 것이다.

〈화식열전〉에서 또 특기할 만한 사람은 위문후魏文侯 때의 백규白圭다. 그는 시세 변동을 살펴 장사했는데, 좋은 종자를 사용하고 검소한 생활을 하는 등 도덕적 주관을 지켰다. 백규는 이렇게 말했다.

"나는 사업을 운영할 때 이윤伊尹, 탕나라의 명재상과 여상呂尙, 주나라의 개국 공신으로 강태공으로 알려져 있음이 정책을 꾀하듯, 손자孫子와 오자吳子가 군사를 쓰듯, 상앙商鞅, 진나라의 개혁파 재상이 법을 시행하듯 했다. 그런 까닭에 임기응변하는 지혜가 없거나, 일을 결단하는 용기가 없거나, 주고받는 어짊이 없거나, 지킬 바를 끝까지 지키는 강단이 없는 사람이면 내 방법을 배우고자 해도 가르쳐주지 않았다."

백규는 단순히 물건을 사고파는 장사꾼이 아니라 나라를 운영하듯이, 탁월한 전략가가 전쟁에 임하듯이 장사를 했다. 그 일의 기반이 된 것은 미래를 예측하는 선견지명과 용기, 강단이었다. 〈화식열전〉에서는 거부들의 고사와 함께 부에 대한 철학을 말하고 있다.

"현인이 조정에서 논의하고, 선비가 신의를 지켜 높은 명성을 얻고자 함은 무엇을 위해서인가? 결국은 부귀로 귀착된다. 그러므로 청렴한 벼슬아치도 오래 일하면 부유해지고, 공정한 장사꾼도 결국에는 신용을 얻어 부유해진다. 부는 사람의 타고난 본성이라 배우지 않아도 누구나 추구한다."

♦ 부자가 되는 세 가지 비법

사마천에 따르면 세상의 일은 모두 부귀를 얻기 위함이다. 그는 심지어 목숨을 걸고 전쟁에 나가 싸우는 것도, 선비가 공부하는 것도 그 목적은 부를 얻고자 함이라고 말했다. 어떤 일에 종사하든지 자기 일에 최선을 다하고, 올바른 방식을 지키고 포기하지 않으면 부자가 될 수 있다는 것이다. 그리고 사마천은 사람이 처한 각각의 상황에 따라 부자가 되는 세 가지 비결을 말해준다.

가장 먼저 "가진 것이 없을 때는 몸으로 노력하라(무재작력無財作力)"이다. 자본이 없으면 몸을 써서라도 돈을 모아야 한다. 그다음 단계는 "조금 모았으면 지혜를 쓰라(소유투지小有鬪智)"이다. 어느 정도 자본을 모았다면 지식으로 뒷받침해야 한다. 반드시 공부해야 한다는 것이다. 마지막으로 "이미 부자가 됐다면 시기를 이용하라(기요쟁시旣饒爭時)"이다. 앞서 말했지만 시간을 이용할 줄 아는 사람이 가장 큰 부자가 될 수 있다. 물론 처한 상황이 다르므로 반드시 단계를 순서대로 밟아야 하는 것은 아니다. 그러나 어느 단계에 있더라도 실망할 필요는 없다. 처한 현실에 충실하면서 발전해가면 된다.

고전에서 말하는 부자가 되는 비결을 한마디로 말하면 '지혜'다. 반드시 공부로 기반을 닦아야 한다. 여기에 노력과 통찰, 결단력이 더해져야 한다. 마지막으로 부에 대한 올바른 가치관이 덧붙여지면 올바른 부의 철학이 완성된다.

돈은 우리에게 많은 것을 줄 수 있다. 인생을 윤택하게 하고, 평생

돈에 억눌려 사는 돈의 노예가 되지 않게 한다. 인생을 즐기고 자기가 좋아하는 일을 하며 사는 자유도 준다. 여기에 덧붙여 무엇보다도 큰 부의 이점이 있는데, 자신이 가진 것을 남에게 베풀 수 있다는 점이다. 풍요를 나누며 사는 삶, 진정한 자유의 삶이다.

진짜 용기가 무엇인지 알 수 있게 도와라

《논어》〈술이〉에 나오는 공자와 제자 자로의 대화다.

공자가 수제자 안연을 두고 "나라에서 써주면 일을 하고 관직에서 쫓겨나면 숨어 지내는 것은 오직 나와 너만이 할 수 있다"라고 칭찬하자 자로는 "삼군을 통솔한다면 스승님은 누구와 함께하시겠습니까?"라고 묻는다.
안연이 도저히 따라올 수 없는 자신의 강점인 용맹성을 스승에게 인정받고 싶어서 한 질문이다. 자로는 아마도 "용맹성은 네가 가장 뛰어나니 너밖에 또 누가 있겠느냐"라는 대답을 기대했을 것이다. 하지만 공자의 대답은 의외였다.
"나는 맨손으로 범을 잡고 맨몸으로 황하를 건너다 죽어도 후회가 없는 사람과는 함께하지 않는다. 일을 대할 때 반드시 신중하고, 계획을 잘 세워 일을 이루는 사람과 함께하겠다."

공자는 자로에게 진정한 용기에 대한 가르침을 주고 있다. 힘이 세다고 무모한 싸움을 벌이고, 자신감에 넘쳐 아무 실속도 없는 일을 하는 것은 어리석은 행동일 뿐이다. 반드시 신중하고 치밀한 계획을 세울 수 있어야 일을 이룰 수 있다.

자로는 공자의 제자들 가운데서 가장 용맹하고 걸출한 인물이었다. 공자를 만나기 전에는 칼을 차고 다니며 한량으로 생활했고, 제자가 된 후에도 예전 버릇을 버리지 못해 공자의 걱정거리가 되었다. 공자는 사람들에게 "자로는 용기에 있어서는 나를 앞서지만 그것을 제대로 사용할 줄을 모른다. 자로처럼 강직한 성품에다 용맹이 지나친 사람은 제명에 죽기 어렵다"고 말하기도 했다. 실제로 자로는 위나라에서 괴외의 난이 일어났을 때 그것을 바로잡기 위해 스스로 반란 현장을 찾았다가 죽임을 당했다.

♦ 배움, 옳고 그름을 분별하는 힘

《논어》〈양화〉에는 공자가 자로를 불러 앉힌 뒤 배움에 대해 가르치는 장면이 나온다.

인을 좋아하되 배우기를 좋아하지 않으면 그 폐단은 어리석게 된다. 지식을 좋아하되 배우기를 좋아하지 않으면 허황하게 된다. 신의를 좋아하되 배우기를 좋아하지 않으면 남을 해치게 된다. 곧음을 좋아하되 배우기를 좋아하지 않으면 박절迫切, 인정이 없고 쌀쌀함하게 된다. 용기를 좋아하되 배우기를 좋아하지 않으면 질서를 어지럽히게 된다. 굳셈을 좋아하되 배우기를 좋아하지 않으면 좌충우돌하게 된다.

아무리 좋은 덕목도 배움이 뒷받침되지 않으면 큰 화를 불러온다. 용기도 마찬가지다. 배움이 뒷받침되지 않으면 혼란을 일으키고 질서가 무너지는 결과를 낳게 된다. 용기가 아니라 만용이 되고, 사회에 해악을 끼치는 사람이 되는 것이다.

호연지기의 철학자답게 맹자도 용기에 대해 많은 이야기를 했다. 《맹자》〈공손추상〉에 나오는 고사인데, 여기서 맹자는 제자 공손추에게 "용기는 마음이 동요되지 않는 것(부동심不動心)이다"라고 말한다. 그리고 증자가 자양子襄을 가르친 사례를 들며 진정한 용기가 무엇인지를 가르쳐준다.

"그대는 용기를 좋아하는가? 내가 일찍이 스승인 공자로부터 큰 용기에 대해 들은 적이 있네. 스스로 돌이켜보아 바르지 않으면 부랑자도 두렵지만, 스스로 돌이켜보아 옳다면 천만 대군이 앞에 있다고 해도 나는 당당히 맞설 것이네."

맹자는 의로움에 기반을 둔 용기를 가장 크고 지킬 만한 용기라고 했다. 어떤 어려운 상황에서도 자신이 옳다고 여기는 것을 포기하지 않고 시도하는 것이 진정한 용기인 것이다.

♦ 두려워할 만한 것은 두려워해야

다산은 용기에 대해 또 다른 관점을 보여준다. 진정한 용기는 자신이 바라고 닮기 원하는 위대한 인물이 되기 위해서 과감하게 도전하는 것이라고 보았다. 다음은 아들 학유에게 가르침을 주고자 쓴 글이다.

> 용勇은 삼덕三德 가운데 하나다. 성인이 개물성무開物成務, 만물의 뜻을 깨달아 모든 일을 이룸하고 천지를 두루 다스림은 모두 용이 하는 것이다. "순은 어떤 사람인가? 하고자 하는 바가 이와 같으면 된다"는 것이 용이다. 경제의 학문을 하고자 하면 "주공周公은 어떤 사람인가? 하는 바가 이와 같으면 된다"고 하며, 뛰어난 문장가가 되고자 하면 "유향劉向과 한유韓愈는 어떤 사람인가? 하는 바가 이와 같으면 된다"고 한다. 서예의 명가가 되고 싶으면 "왕희지王羲之와 왕헌지王獻之는 어떤 사람인가?"라고 하며, 부자가 되고 싶다면 "도주공陶朱公과 의돈猗頓은 어떤 사람인가?"라고 묻는다. 무릇 한 가지 소원이 있으면 한 사람을 목표로 정해 반드시 그와 나란히 하는 것을 기약한 뒤에야 그만두어야 하니, 이것이 용의 덕이다.

진정한 용기는 그 어떤 것도 두려워하지 않는 것이 아니라 두려워할 만한 것은 두려워하는 것이다. 단지 두려움으로 말미암아 스스로 지켜야 할 의지나 신념을 포기해서는 안 된다. 자신이 원하는 꿈을 정하고 그 꿈을 목표로 과감하게 도전하는 것, 이것이야말로 진정한 용기다.

자녀들에게 위인전을 읽게 하면 닮고 싶은 사람, 되고 싶은 사람을 꿈꾸게 만들 수 있다. 이때 위인전을 읽는 데서 그쳐서는 안 된다. 반드시 그중 한 사람을 정해 자신이 이루고 싶은 꿈을 갖게 해야 한다. 위대한 인물이 어떻게 고난을 이겨냈는지, 그런 인물이 되기 위해 어떻게 노력했는지를 배우도록 해야 한다. 위인전의 인물들은 날 때부터 위대했던 사람이 아니라 처음에는 모두 평범한 사람이었다. 단지 포기하지 않고 노력함으로써 엄청난 고난을 이겨내고 자기 꿈을 이룬 것이다. 자녀들은 그들을 보며 "그가 한 일을 나도 하고 싶다"라는 꿈을 품고, "그가 할 수 있다면 나도 할 수 있다"라는 자신감을 갖게 된다.

♦ 용기와 만용을 구분할 때 꿈을 이룰 수 있다

자신이 바라는 이상적인 인물이 되기 위해 자신의 부족함을 채워 나가는 것이 진정한 용기다. 따라서 용기의 진정한 뜻을 아는 사람은 함부로 용기의 칼을 뽑아 들지 않는다. 작은 일에 흥분하고, 사소한 시비에 무력을 쓰고, 자기 힘을 믿고 남을 함부로 대하는 사람은 용기 있는 사람이 아니라 꿈이 없는 사람이다.

어린아이들은 용기가 무엇인지 분명하게 알지 못하는 경우가 많다. 힘이 세고, 그 힘으로 다른 사람을 억누르는 것이 용기라고 생각한다. 어쩌면 남들이 쉽게 따라 하지 못하는 무모한 일을 시도하는 것을 용기라고 생각할 수도 있다. 그러나 이는 진정한 용기가 아니라 만용일 뿐이다. 따라서 부모는 자녀들에게 진정한 용기가 무엇인지 그 개념을 바르게 알려주어야 한다. 그리고 용기를 기르기 위해 어떤 노력을 해야 하는지도 가르쳐야 한다.

진정한 용기는 완력을 쓰거나 강한 무력을 앞세우는 것이 아니라 마음이 굳건한 것이다. 작고 사소한 일에 마음을 두지 않고 이루고 싶은 큰 꿈을 위해 과감하게 도전하는 것이다. 이런 용기는 하루아침에 길러지지 않는다. 어린 시절부터 어려워도 포기하지 않고, 꿈을 이루기 위해 노력하고, 체력과 함께 마음의 힘을 길러야 한다. 이때 부모는 자녀의 길을 응원하며 함께 걷는 사람이다.

이길 수 있다는 확신이 생길 때까지 인내해야 한다

《손자병법》은 제나라 사람 손무孫武, 손자의 이름가 쓴 13편으로 이루어진 병법서다. 손무는 조국인 제나라에 내란이 일어나자 자신의 병법서를 들고 오나라 왕 합려를 찾아갔다. 그리고 명재상 오자서와 힘을 합쳐 오나라를 가장 강력한 패권국으로 만들었다. 《손자병법》이 최고의 병법서로 손꼽히게 된 것은 단순히 종이에 적힌 병법 이론이 아니라 실제로 전쟁에서 증명된, 실전을 바탕으로 하는 병법서이기 때문이다.

《손자병법》에서 가장 널리 알려진 구절은 '지피지기 백전불태知彼知己 百戰不殆'로, "적을 알고 나를 알면 백 번을 싸워도 위태롭지 않다"

는 뜻이다. 흔히 '지피지기 백전백승'이라고 알고 있는데《손자병법》에는 그런 말이 나오지 않는다. 손무는 무조건 이기는 것을 좋게 여기지 않았다. 먼저 자신을 안전하게 지키는 것이 전쟁에서 가장 중요하다고 보았다. 전쟁으로 말미암아 군사를 비롯해 수많은 백성이 희생되는 것을 안타깝게 여겼기 때문이다.

♦ 이기기만 하는 사람은 없다

2,500년 전 고대 중국의 인물이 쓴 책이지만《손자병법》이 시대와 지역을 초월해 최고 병법서로 손꼽히는 이유가 이것이다. 단순히 전쟁을 잘하는 방법에 그치지 않고 사람의 심리에 대한 깊은 통찰과 전쟁의 진정한 의미에 대한 철학적 함의가 담겨 있기 때문이다.《손자병법》〈전략편〉에 나오는 구절이 이런 점을 잘 말해준다.

"백 번 싸워 백 번 이기는 것이 최고가 아니다. 싸우지 않고 굴복시키는 것이 최고 경지다."

이 구절이 나오기에 앞서 손무는 이렇게 말한다.

"전쟁의 법칙에 따르면 적국을 온전히 두고서 굴복시키는 것이 최상책이고, 적국과 싸움을 벌여 굴복시키는 것은 차선책이다."

전쟁은 적국을 굴복시켜 종속시키는 것이 목적이다. 당연히 승리한 나라의 왕은 천하에 자신의 이름을 드높일 수 있다. 일단 적국을 점령하면 영토와 백성이 늘어나고, 국력이 강해지고, 이웃 나라들은 두려움에 떨게 된다. 그러나 상대를 완전히 파멸시키면 전리품도 사라지고 폐허가 된 땅을 회복하는 데 오히려 더 많은 힘을 써야 한다. 특히 문제가 되는 것은 아군도 큰 피해를 입게 된다는 점이다.

《오자》의 저자 오기吳起는 최고 군사전략가이자 명장군으로 76번 싸워 한 번도 패하지 않았다. 그런데 왕의 인척과 갈등을 빚어 비참한 최후를 맞았다. 서양에서 전쟁을 가장 잘하기로 유명한 나폴레옹도 마찬가지다. 20세에 장군이 된 그는 장군이 되기 전 인류 역사에서 벌어졌던 중요한 전쟁을 모두 외워 머릿속에 넣어두었다고 한다. 이런 지식과 경험을 활용하여 연전연승했지만 그도 러시아 원정에서 패했고, 영국과 프로이센 연합군과의 워털루전쟁에서 패함으로써 비극적인 최후를 맞았다. 싸움을 잘하고 좋아하는 사람은 반드시 싸움으로 망하기 마련이다. 끊임없이 강자가 등장하는 세상에서 항상 이길 수는 없기 때문이다.

♦ 지는 싸움 피하기

윤리도덕서가 아닌 병법서에서 "싸우지 말고 이기라"고 말하는 것은 전략적 가치가 있기 때문이다. 치열한 전쟁의 시대에 나라를 온전히 보존하고 더욱 강성하게 만들려면 무력으로 싸우기보다는 전략으로 상대를 굴복시켜야 한다. 전쟁을 원하지 않더라도 전쟁이냐, 아니냐를 선택해야 할 때도 있다. 그때도 방법이 있는데, 압도적으로 이길 수 있는 전쟁을 하면 된다. 울료자尉繚子는 "이길 수 있다는 확신이 없다면 전쟁이라는 말을 입 밖에도 꺼내지 말라"고 했으며, 손무는 "자고로 소위 잘 싸우는 사람은 쉽게 이기는 자다"라고 했다.

너무나 당연한 이야기다. 싸움에서 지지 않으려면 지는 싸움을 하지 않으면 된다. 쓸데없이 자존심을 내세우지 말고 자신이 이길 수 없는 전쟁은 하지 말아야 한다. 그리고 조용히 힘을 길러야 한다. 이기지 못한다고 해서 가만 있으면 평생 이길 수 없다. 자신이 변화하지 못하고 힘을 기르지 않는다면 현상 유지밖에 할 수 없다. 끊임없이 자신을 변화시키고 힘을 길러야 한다. 그리고 드디어 상대가 도저히 따라오지 못할 정도로 힘을 키웠을 때 단번에 상대를 무너뜨려야 한다.

♦ 자신을 있는 그대로 볼 수 있어야 이긴다

오늘날은 방법이 다를 뿐 치열한 경쟁의 시대다. 이런 시대에 무조건 싸우지 말라고 가르친다면 자녀의 가능성을 제한시키는 것이라고 할 수 있다. 경쟁할 때는 당당하게 해야 하고, 경쟁했다면 이길 수 있도록 능력을 키워주어야 한다. 다만 그 방법이 정의롭고 정당해야 한다. 이기기 위해 수단과 방법을 가리지 않고 불의한 방법을 쓰는 것은 반드시 피해야 할 행동이다.

《초한지》에 등장하는 영웅 한신韓信은 젊은 시절 한량이었다. 그가 시장에서 만난 불량배의 다리 밑을 기어서 지나간 것은 유명한 일화다. 한신은 훗날 왕이 되고 나서 그 건달을 다시 만나자 이렇게 말했다. "그 당시 나를 욕보일 때 내가 너를 죽일 수 없었겠는가? 죽여도 내게 아무 이름이 따르지 않을 것이기에 참은 것이다. 그래서 지금의 내가 될 수 있었다." 이것이 바로 한신이 가졌던 진정한 겸손의 모습이며, 자신을 낮춤으로써 오히려 자신을 높이는 지혜라고 할 수 있다.

부모라면 누구나 자녀들이 자존감 높은 사람이 되기를 원한다. 그렇다면 자존감의 진정한 의미를 자녀뿐 아니라 부모도 알아야 한다. 진정한 자존감은 섣부른 자존심이 아니다. 자존심은 스스로 높아지려는 마음이고, 자존감은 자신을 소중히 여기는 마음이다. 무조건 남에게 인정을 받고 높임을 받는 것이 아니라 자신을 있는 그대로 볼 수 있는 솔직함이 자존감의 바탕이 된다. 그리고 자신이 소중한 만큼 더 좋은 사람이 되기 위해, 자기 삶의 의미와 가치를 높이기 위해 노력을 아끼지 않는다.

큰 꿈을 가진 사람은 자존심을 내세우며 작은 다툼을 벌이지 않는다. 미래의 자신, 큰일을 이루게 될 자신을 위해 인내한다. 그다음 묵묵히 실력을 쌓는다. 도저히 따라오지 못할 존재가 되면 그 누구도 함부로 싸움을 걸어오지 않는다. 모두가 고개를 숙이고 다가오니 싸우지 않고도 이긴다.

매일 쓰기, 반복해 쓰기, 함께 쓰기

옛날에 글은 특권층에게만 허용되었다. 소위 신분이 높은 사람들은 대부분 자신의 이름을 알리기 위해 글을 썼고, 글을 잘 쓰는 사람은 명성을 날리면서 출세의 길을 달렸다. 그러나 그들 가운데 대부분이 수준 미달의 작품을 남겼다. 따라서 의식 있는 사람들은 재능이 없으면 차라리 글을 쓰지 않는 것이 좋다고 권유했다.《안씨가훈》에는 다음과 같은 글이 나오는데, 그 내용이 통렬하다.

> 학문하는 데 예리한 사람과 둔한 사람이 있듯 문장을 짓는 데도 능숙한 사람과 졸렬한 사람이 있다. 학문적 자질이 둔한 사람은 노력하면 정통하고 완숙해질 수 있

지만, 문학적 재능이 졸렬한 사람은 아무리 노력해도 치졸함을 면치 못한다. 학문은 노력하면 사람다워질 수 있지만, 글을 쓰는 것은 그렇지 않다. 정말로 타고난 재능이 없다면 무리하게 글을 지어서는 안 된다. 내가 본 세인들 가운데 문학적 창작력이 전혀 없음에도 자칭 훌륭한 문장이라고 자부하면서 추하고 졸렬한 글을 유포하는 사람이 많다. 강남에서는 이들을 영치부詅癡符, 바보임을 자랑하여 파는 표라고 부른다.

비록 재능이 없어도 학문은 올바른 사람의 도리를 알기 위해 반드시 해야 하고, 대부분 노력한 만큼의 결과를 얻는다. 반면 문장은 재능이 없으면 큰 진전이 없기 때문에 해서는 안 된다는 것이다. 특히 안지추가 지탄한 것은 재능이 없으면서도 자신을 내세우기 위해 글을 쓰고, 자격 미달의 글을 자랑하는 것이다. 이는 글의 무능함에 더해 교만과 허세를 드러내는 것이기에 더욱 부끄러운 행동이다.

♦ 생각을 전달하고, 타인을 설득하는 능력

이것은 당시의 시대 상황에 따른 주장으로, 오늘날은 상황이 다르다. 설사 타고난 재능이 없더라도 글쓰기 능력은 반드시 필요하다. 그리고 체계적인 공부를 통해 얼마든지 좋아질 수 있다. 오히려 글쓰기는 모든 사람에게 성공과 출세의 기반이 되는 보편적 능력이라고 말할 수 있다.

학창 시절 좋은 성적을 받기 위해서도, 사회에 나와서 자신의 뜻을 밝히고 펼치기 위해서도 글쓰기 능력이 필요하다. 기획서를 쓸 때도 출중한 아이디어에다 글솜씨가 뒷받침되어야 한다. 아이디어가 좋아도 글쓰기가 뒷받침되지 못하면 그것을 제대로 알릴 수가 없다. 길이 남을 명문장이 아니어도 좋다. 단지 자기 뜻을 명확히 밝히고, 자기 생각을 알기 쉽게 전달하고, 읽는 사람을 설득할 수 있는 글쓰기 실력이면 충분하다. 그리고 이런 능력은 높은 자리에 올라갈수록 더욱 필요하다. 아니, 높은 자리에 올라가려면 반드시 갖춰야 할 능력이다.

그렇다면 글은 어떻게 해야 잘 쓸 수 있을까? 안지추는 글의 핵심에 대해 다음과 같이 말한다.

> 문장은 논지論旨, 글의 근본적 취지를 심장으로 삼고, 어조語調, 말이나 글의 가락를 골격으로 삼고, 주제를 피부외형을 뜻함로 삼고, 수사修辭, 말이나 글을 다듬고 꾸며서 보다 아름답고 정연하게 하는 기술를 관冠, 장식으로 삼아야 한다. 그러나 요즘의 풍조는 근본은 버려두고 지엽枝葉, 본질적이거나 중요하지 아니하고 부차적인 부분만 좇고, 대체로 겉치레가 많다.

글을 쓰는 데 가장 중요한 것은 말하고자 하는 뜻이다. 그 외 모든 것은 자신이 말하고자 하는 뜻을 분명히 전달하기 위한 도구라고 할 수 있다. 뜻은 본질이고, 꾸밈은 글의 외형이다. 당연히 뜻이 가장 중요하지만, 글을 꾸미는 것도 무시할 수는 없다. 이 모든 것이 잘 어우러져야 좋은 글이 될 수 있다. 뜻은 높고 고고한데, 표현이 따라가지 못하면 안타깝다. 뜻은 너절한데 표현만 번드르르하면 속 빈 강정이 될 뿐이다. 본질과 외형이 어우러져야 좋은 글이 나온다. 남조의 문인 심은후沈隱侯는 좋은 글에 대해 다음과 같이 말했다.

"문장을 지을 때는 삼이三易, 문장을 쉽게 짓는 세 가지 방법의 원칙을 따라야 한다. 쉬운 주제로, 쉬운 글자로, 읽기 쉽게 써야 한다."

좋은 글은 알기 쉬워야 한다. 자신의 학식과 실력을 자랑하려고 전문적인 용어와 외국어를 남발한다면 좋은 글이 될 수 없다. 《채근담》에 실린 "지극히 고상함은 지극히 평범함에 있다"라는 말이 핵심을 찌른다. 누구나 공감할 수 있는 주제를 알기 쉬운 단어를 사용해 알기 쉽게 쓰는 것이 진정한 능력이다. 그리고 글은 먼저 바탕을 든든하게 세운 다음 자연스럽게 나와야 한다.

♦ 배움이 쌓이면 자연스러운 글쓰기가 가능하다

조선 최고 실학자이자 문장가로 손꼽히는 다산에게 청년 이인영李仁榮이 문장학을 배우기 위해 찾아왔다. 이인영은 배움의 열망이 있는 영민한 청년이었지만 올바른 뜻(독지篤志)을 가지지 못했다. 오직 좋은 글만 쓸 수 있다면 세상을 버려도 좋다고까지 피력한 그에게 다산은 이렇게 말한다.

"문장이란 무엇인가? 학식이 안으로 쌓여 그 아름다움과 멋이 겉으로 드러나는 것이다. 기름진 음식을 배불리 먹으면 몸에 윤기가 흐르고, 술을 마시면 얼굴에 홍조가 피어나는 것과 다름없는데 어찌 갑자기 이룰 수 있겠는가. 중화의 덕으로 마음을 기르고, 효우의 행실로 성품을 닦아 공경함으로 지니고, 성실로 일관하되 변함없이 노력해야 한다. 사서四書, 유교의 경전인 《논어》《맹자》《중용》《대학》로 몸을 채우고, 육경六經, 《시경》《서경》《예기》《악기》《역경》《춘추》의 여섯 가지 경서으로 식견을 넓히며, 역사서歷史書, 역사적인 내용을 담고 있는 책로 고금의 변화에 통달해야 한다."

다산은 먼저 폭넓은 독서로 식견을 넓혀야 하고, 공경하는 마음과 성실한 자세로 올바른 몸가짐을 지녀야 한다고 말한다. 글이 곧 자신의 뜻을 펼치는 것이라는 관점에서 보았을 때 너무나 당연한 이야기다. 자기 내면에 든 것이 없는데 어찌 좋은 글이 나오고, 올바른 뜻이 없는데 어찌 정직한 글이 나올 수 있겠는가.

♦ 오감을 활용한 창의적 활동

자신이 알고 있는 지식과 일상의 경험을 바탕으로, 평이한 단어와 문장을 도구로 솔직하게 자기 마음을 표현하는 능력은 오히려 어린아이들이 가장 잘할 수 있다. 비록 기교와 세련됨은 없어도 솔직하고 가식 없는 글을 쓸 수 있다는 말이다. 어른의 글에서 쉽게 볼 수 있는 겉치레와 불순한 의도가 없기 때문이다. 그리고 지식과 경험이 쌓일수록 글쓰기 능력은 점차 향상된다. 글쓰기 공부를 어릴 때부터 시작해야 하는 이유다. 가장 좋은 방법은 부모와 함께 글 쓰는 습관을 기르는 것이다. 같은 책을 읽은 뒤 느낀 점을 글로 남기고, 서로의 글을 읽고 감상을 말하고 의견을 나누는 것은 글쓰기 실력을 기르는 확실한 지름길이다. 일기를 꾸준히 쓰는 것도 좋은 방법이다. 혼자만의 시간에 자신의 내면을 들여다보고, 가장 솔직하게 글을 쓸 수 있기 때문이다.

글쓰기는 오감을 활용하는 창의적 활동으로, 사람은 창의적 활동에서 가장 큰 즐거움을 얻는다. 훗날 사회에서 성공을 거두고 출세에 도움이 되는 것은 글쓰기 공부가 주는 덤이다.

Key word 9. 대화를 힘들어 하는 아이

'제대로 할 줄 아는 사람'에게 꼭 필요한 한 가지

공자는 끊임없이 말의 절제를 강조했다. 《논어》 〈위정〉에서는 출세하기 위해서도 말 조심을 해야 한다고 가르친다.

> 제자 자장이 "어떻게 하면 출세할 수 있습니까?"라고 묻자 공자는 이렇게 가르쳤다. "많은 것을 듣되 의심스러운 것을 빼고 그 나머지를 조심스럽게 말하면 허물이 적다. 많은 것을 보되 위태로운 것을 빼놓고 그 나머지를 조심스럽게 행하면 후회하는 일이 적다. 말에 허물이 적고 행동에 후회가 적으면 출세는 자연스럽게 이루어진다."

이 구절에서 공자의 가르침은 몇 가지 단계를 거치는데, 공자의 말 하나하나에 그 뜻이 담겨 있다. 먼저 출세하려면 반드시 많이 듣고 많이 봐야 한다. 즉 많은 배움이 뒷받침되어야 한다. 그다음 의심스러운 것, 위태로운 것을 뺀 뒤에 말하고 행동해야 한다. 이때는 의심스럽고 위태로운 것을 변별할 수 있는 분별력이 필요하다. 마지막으로 말과 행동의 신중함이다. 감정에 휩싸여 함부로 말해서도 안 되고, 생각나는 대로 갑자기 행동에 옮겨서도 안 된다. 반드시 호흡을 한번 가다듬는 시간이 필요하다. 감정이나 욕심에 마음을 빼앗겼을 때는 더욱 그렇다.

또 하나 염두에 두어야 할 가르침이 있다. 출세에서 반드시 말과 행동이 결정적 역할을 한다는 것이다. 무조건 신중하기만 해서도, 과묵하기만 해서도 안 된다. 때와 상황에 맞는 적절한 말과 행동을 할 수 있어야 한다.

♦ 모든 사람에게 똑같이 통하는 것은 없다

《논어》를 유심히 살펴보면 공자는 말에 있어 탁월한 능력을 지녔음을 알 수 있다. 그리고 말을 잘하는 것이 무엇인지를 정확하게 보여준다. 먼저 말은 대화하는 상대방에게 적합한지 생각하고 해야 한다. 다음은 〈선진〉에 나오는 고사다.

자로가 "들으면 곧 실천해야 합니까?"라고 묻자 공자는 "부모 형제가 있는데 어찌 들은 대로 바로 행하겠는가"라고 대답했다.
염유가 같은 질문을 하자 공자는 "들으면 곧 행해야 한다"라고 대답했다.
그러자 공서화公西華가 "왜 자로와 염유의 같은 질문에 다른 대답을 하십니까?"라고 물었다. 이 질문에 공자는 "염유는 소극적인 성격이라 적극적으로 나서도록 한 것이고, 자로는 지나치게 적극적이어서 물러서도록 한 것이다"라고 말했다.

염유는 일을 행하기도 전에 스스로 한 걸음 물러서는 소극적인 성품이었다. 공자에게 "스승님의 도를 좋아하지 않는 것은 아니지만 제가 힘이 부칩니다"라고 말해 "너는 해보지도 않고 지레 물러서는구나"라는 꾸짖음을 듣기도 했다. 한편 자로는 과감한 성품으로 지나치게 적극적인 면이 있었다. 따라서 무엇이든 좋은 것을 들으면 그것을 즉시 행해야만 직성이 풀렸다. "자로는 들은 것을 아직 실천하지 못했을 때 다른 가르침 듣기를 두려워했다"는 〈공야장〉의 글은 자로의 적극적인 성품을 잘 말해준다.

공자는 두 제자의 이런 성품을 알고 각자에 맞는 가르침을 주었다. 좋은 일에 주저함이 있어서도 안 되지만, 지나치게 적극적이어서 물불을 가리지 않는 것도 옳지 않다는 가르침이다. 공자는 배움은 모든 상황에서, 모든 사람에게 똑같이 통하는 것이 아니라 각자의 상황과 성향에 따라 다르게 주어져야 한다는 것을 보여준다. 같은 질문이라도 대답은 사람에 따라 다르다. 이것이 진정한 말의 능력인 것이다.

♦ TPO에 맞는 화법이 중요해

공자는 〈계씨〉에서 말의 원칙에 대해 "말할 때가 되지 않았는데 말하는 것을 조급하다고 하며, 말해야 할 때 말하지 않는 것은 숨긴다고 하며, 안색을 살피지 않고 말하는 것을 눈뜬장님이라고 한다"라고 말했다.

원래 이 글은 윗사람을 모실 때 저지르기 쉬운 세 가지 잘못을 말한 것이다. 부정적 측면을 말했지만, 역으로 적용하면 평상시 대화에서 지켜야 할 보편적 원칙이 된다. 이 원칙을 지키면 달변가는 아니더라도 말을 '제대로 할 줄 아는 사람'으로 인정받을 수 있다.

"말할 때 말하고, 말하지 않아야 할 때 말하지 않고, 상대방의 감정을 살펴서 말한다."

즉 TPO에 맞는 화법을 구사해야 한다. TPO는 상황에 맞는 복장을 갖춰야 한다는 복장법에서 유래한 말로 때Time와 장소Place, 상황Occasion을 가리킨다. 이는 말을 제대로 하는 요건에도 딱 들어맞는 원칙이다. 때와 장소, 상황에 따라 말을 해야 할 때 말을 하고, 나서지 말아야 할 때는 입을 다물고, 상대방을 배려하면서 겸손하게 말한다. 이것이 말 잘하는 사람의 비결이다.

♦ 말은 종합예술과 같다

오늘날 유창한 말솜씨와 유려한 행동은 꼭 필요하다. 성공과 출세를 위해서도 때와 상황에 맞춰 말을 할 수 있어야 한다. 평소 대인관계에서도 말의 능력은 좋은 관계를 맺는 데 큰 힘이 된다. 복잡한 상황을 한마디로 정리하고, 재치와 유머로 분위기를 살리는 능력이 있으면 인기를 한몸에 받을 수 있다. 또한 경쟁 관계에 있는 사람을 말 한마디로 제압할 능력이 있다면 얼마나 통쾌하겠는가. 따라서 누구나 이런 능력을 몸에 익히려고 노력한다. 그러나 결코 쉽지 않다는 것 또한 경험했을 것이다.

많은 사람이 '말공부'가 가장 어렵다고 한다. 아무리 뛰어난 사람이라고 해도 '말실수'로 망신당하는 경우를 종종 본다. 그 이유는 "말은 그 사람 자신이다"라는 명제가 잘 말해준다. 말은 단순히 입에서 나오는 것이 아니라 그 사람의 성품과 인격, 가치관이 집약되어 나오는 것이다. 그리고 논리의 이성과 배려의 감성이 한데 어우러져 나오는 것이다. 여기에 격식을 깨고 분위기를 반전시키는 유머도 있어야 한다. 이렇게 보면 말은 종합예술과 같아서 단기간에 배울 수 없고, 학원에서 배우는 기술과 기교로 쉽게 얻을 수 없다.

부모는 자녀가 때와 상황에 맞게 말하고 자기가 하고 싶은 말을 쉽고 간결하게 말하는 능력을 가지길 바란다. 만약 말을 잘 가르치는 학원이 있다면 주저하지 않고 자녀를 보낼 것이다. 하지만 그전에 부모가 반드시 염두에 두어야 할 것이 있는데, 바로 가정이 말을 배우는 가장 중요한 장소라는 사실이다. 평상시 대화에서 좋은 말을 쓰고, 부모가 직접 좋은 말의 모범을 보인다면 자녀의 말하는 능력도 자랄 것이다. 다양한 주제로 발표와 토론의 시간을 가지면 금상첨화다.

"말은 그 사람 자신이다"라는 명제에 맞게 자녀의 내면을 키워주는 곳도 가정이다. 공자가 제자 자장에게 가르쳤듯이 많은 경험으로 식견을 넓히고, 그중에서 위험한 것과 위태로운 것을 제외시킬 줄 아는 변별력을 길러주어야 한다. 그다음에는 가장 적절하고 확실한 것을 조화롭게 표현하도록 가르쳐야 한다. 이런 능력을 갖춘 자녀에게 성공과 출세는 자연스럽게 따라온다.

아이는 부모의 등을 보고 자란다

2022년 9월 14일 1판 1쇄 발행
2022년 10월 26일 1판 3쇄 발행

지은이 | 조윤제
펴낸이 | 이종춘
펴낸곳 | BM (주)도서출판 성안당
주소 | 04032 서울시 마포구 양화로 127 첨단빌딩 3층(출판기획 R&D 센터)
10881 경기도 파주시 문발로 112 파주 출판 문화도시(제작 및 물류)
전화 | 031)950-6367
팩스 | 031)955-0510
등록 | 1973.2.1. 제406-2005-000046호
출판사 홈페이지 | www.cyber.co.kr
ISBN | 978-89-315-8614-5 03590
정가 | 16,000원

이 책을 만든 사람들
책임 | 최옥현
기획 | (주)엔터스코리아
기획·편집 | 김수연 교정 | 김미경
디자인 | 엘리펀트스위밍 일러스트 | 박지영 국제부 | 이선민, 조혜란
마케팅 | 구본철, 차정욱, 오영일, 나진호, 강호묵 온라인 마케팅 | 박지연
홍보 | 김계향, 유미나, 이준영, 정단비, 임태호 제작 | 김유석

■도서 A/S 안내

성안당에서 발행하는 모든 도서는 저자와 출판사, 그리고 독자가 함께 만들어 나갑니다.
좋은 책을 펴내기 위해 많은 노력을 기울이고 있습니다. 혹시라도 내용상의 오류나 오탈자 등이 발견되면 "좋은 책은 나라의 보배"로서 우리 모두가 함께 만들어 간다는 마음으로 연락주시기 바랍니다. 수정 보완하여 더 나은 책이 되도록 최선을 다하겠습니다.
성안당은 늘 독자 여러분의 소중한 의견을 기다리고 있습니다. 좋은 의견을 보내주시는 분께는 성안당 쇼핑몰의 포인트(3,000포인트)를 적립해 드립니다.

잘못 만들어진 책이나 부록 등이 파손된 경우에는 교환해 드립니다.